普通高等教育"十四五"系列教材

水力机组智能故障诊断理论与方法

主　编　董　玮　梁武科

副主编　王　松　石清华　孙永鑫　白　亮

中国水利水电出版社

www.waterpub.com.cn

·北京·

内 容 提 要

本书是反映水力机组智能故障诊断理论与方法的高等学校教材，全书共分为 6 章，主要包括绪论、水力机组的主要故障、水力机组故障诊断原理与方法、故障诊断专家系统、机器学习故障诊断理论及算法、水力机组诊断信息融合技术等内容，章节中引入了大量水力机组智能故障诊断的应用案例，增强了理论方法与工程实践的结合。

本书可作为高等学校能源与动力工程（水动）、水利水电工程专业的教材，也可供水力机组领域的研究人员、工程技术人员和相关院校的师生阅读参考。

图书在版编目（ＣＩＰ）数据

水力机组智能故障诊断理论与方法 / 董玮，梁武科
主编. -- 北京：中国水利水电出版社，2024.10
普通高等教育"十四五"系列教材
ISBN 978-7-5226-2106-7

Ⅰ．①水… Ⅱ．①董… ②梁… Ⅲ．①水力机组－故
障诊断－高等学校－教材 Ⅳ．①TM312

中国国家版本馆CIP数据核字(2024)第018000号

书　　名	普通高等教育"十四五"系列教材 **水力机组智能故障诊断理论与方法** SHUILI JIZU ZHINENG GUZHANG ZHENDUAN LILUN YU FANGFA	
作　　者	主　编　董　玮　梁武科 副主编　王　松　石清华　孙永鑫　白　亮	
出版发行	中国水利水电出版社 （北京市海淀区玉渊潭南路 1 号 D 座　100038） 网址：www.waterpub.com.cn E-mail：sales@mwr.gov.cn 电话：(010) 68545888（营销中心）	
经　　售	北京科水图书销售有限公司 电话：(010) 68545874、63202643 全国各地新华书店和相关出版物销售网点	
排　　版	中国水利水电出版社微机排版中心	
印　　刷	清淞永业（天津）印刷有限公司	
规　　格	184mm×260mm　16 开本　9 印张　219 千字	
版　　次	2024 年 10 月第 1 版　2024 年 10 月第 1 次印刷	
印　　数	0001—1000 册	
定　　价	**35.00 元**	

凡购买我社图书，如有缺页、倒页、脱页的，本社营销中心负责调换

前 言

水力机组是水电站的主要发电设备,它是以水为工作介质进行能量转换和传输的装置。水力机组运行的安全性、稳定性对水电站及整个电网都极为重要,与其他大型旋转机组相比,水力机组也同样存在安全运行故障,于是对水力机组开展故障诊断就显得十分重要。

水力机组故障诊断是一门交叉学科,涉及许多现代理论,如信息论、系统论、控制论、信号处理等。而智能故障诊断是将人工智能与故障诊断相结合,在诊断过程中运用领域专家知识和人工智能技术,从采集的数据中自适应地学习机器的诊断知识。水力机组智能故障诊断技术主要包括故障特征、诊断理论、诊断方法3方面的内容。

本书为了满足日益增长的水力机组故障诊断需求应运而生。随着水电行业的快速发展,安全稳定运行的需求愈发迫切。然而,传统方法在故障诊断中存在一些局限性,因此本书汇集了国内外相关领域的研究成果,探索智能故障诊断技术在水力机组中的应用。我们希望能够借助人工智能等先进技术,提高诊断的准确性和效率,为水电行业的可持续发展贡献力量,助力祖国水利事业发展。

本书共6章。第1章为绪论,第2章介绍水力机组的主要故障,第3章介绍水力机组故障诊断的原理与方法,第4章介绍故障诊断专家系统,第5章介绍机器学习故障诊断理论及算法,第6章介绍水力机组诊断信息融合技术。

本书由西北农林科技大学水利与建筑工程学院董玮副教授、西安理工大学水利水电学院梁武科教授担任主编,西北农林科技大学水利与建筑工程学院王松讲师、东方电气集团东方电机有限公司石清华正高级工程师、哈尔滨电机厂有限责任公司孙永鑫正高级工程师、西安理工大学水利水电学院白亮讲师担任副主编。具体编写分工为:第1章由梁武科编写,第2章、第3章、第6章由董玮编写,第4章由白亮编写,第5章由王松编写,各章节应用案例由石清华、孙永鑫提供与编写。

在本书的编写工作中,西北农林科技大学硕士研究生张海琛、蒋浩青、李苏诚、李沛轩、何凡、范旭罡、谢飞、邱晟璇、李智和西安理工大学博士吴子娟及硕士研究生董剑、朱金瑞、艾改改、张琳姗均为此做了大量的工作，在此一并表示感谢。

本书在组织材料的过程中，参阅了大量有关文献，在此向有关人士一并致谢。

由于时间仓促，加上编者水平有限，书中错误与不妥之处在所难免，还请各位专家和读者给予批评指正。

编　者

2023 年 3 月于西安

目　录

第 1 章 绪 论

1.1 水力机组故障诊断概述

水力机组故障诊断是一门跨学科的综合信息处理技术，它以可靠性理论、信息论、控制论为理论基础，以现代测试仪器和强计算能力的计算机为工具，结合水力机组这一复杂大型旋转机械的特殊规律逐步形成的一门特殊学科。

资源 1.1
水轮机安装
三维工艺
卡片

水力机组是水电能源的核心，机组运行的安全性、稳定性直接影响与机组相连电网的稳定。水力机组故障的发生会带来经济损失，水电厂配置机组在线监测与故障诊断系统可减少事故停机率，避免出现较大的经济损失，保证高的收益及投资比。水力机组发生故障还可能带来灾难性事故。2009 年 8 月 17 日，俄罗斯西伯利亚叶尼塞河上游的萨扬-舒申斯克水电站由于水轮机组振动幅值超标，且未按照规程减少负荷、停机，导致了严重事故。事故造成 75 人死亡、多台机组受到破坏、附近工业区大面积停电、40t 变压器油溢出、约 400t 养殖鲑鱼死亡，直接经济损失达 130 亿美元。因此有必要进一步开展水电站水力机组设备状态监测与故障诊断技术工作，及时掌握机组的运行状态并预测故障，有效降低设备损坏率、减少维护成本、提高水力机组的安全可靠性。

水力机组故障诊断也是水电厂从计划维修转变到预知维修的基础。现代水力机组日趋大型化、复杂化和自动化，水力机组一旦发生故障，将会造成很大的损失。为使机组保持正常运行状态所花的费用在电厂中占了相当大的比重。因此，基于监测与诊断的预知维修或状态检修不仅能提高机组的安全性，还能减少水力机组的检修费用。

水力机组故障诊断同其他大型旋转机械故障诊断一样，其研究领域有如下 3 个：

(1) 故障机理的研究。

(2) 信号采集、处理的研究。

(3) 诊断决策理论的研究。

水力机组故障机理的研究是故障诊断系统的依据，所有后续的工作都是在水力机组故障机理上开展的。故障机理研究范围包括：故障形成的原因、故障发生的过程、故障发生的部位、故障在系统中的传递、故障产生的后果、故障表现形式和特征等。信号采集、处理是故障诊断的重要阶段，其研究范围包括传感器的选型、传感器监测点的布置、采集系统的设计、采集信号的转换、信号的前处理及信号的后处理等。诊断决策是故障诊断的重要组成部分，主要通过数学逻辑方法、模型方法及人工智能方法，以机组的故障特征为依据，分析判断故障发生的部位和原因。其研究内容包括对水力机组运行现状的识别诊断、运行过程的监测以及运行发展趋势的预测等。故障机理的研究是故障诊断的基础和依据，诊断信息的研究是故障诊断的前提条件，这 3 部分的研究对于水力机组故障诊断系统研究而言都具有重要意义。

1.1.1 水力机组故障定义与分类

水力机组在运行过程中，因某种原因不能执行规定功能的现象，称为水力机组故障。

从不同角度对水力机组故障进行分类，进一步揭示故障的实质，有利于选择适合的故障诊断方法。

（1）按照水力机组故障发生的性质，分为自然故障和人为故障。自然故障是指水力机组在运行时，因自身的原因而造成的故障。自然故障又分为正常的自然故障和异常的自然故障。异常的自然故障多是由于材料、机组安装有偏差所造成的，这种故障带有偶发性。人为故障是指水电厂的运行人员在操作机组过程中无意或有意造成的故障。这类故障是可以避免的，但是在实际工作中，往往会出现这类故障。

（2）按照水力机组故障发生的部位，可分为整体故障和局部故障。整体故障是指发生故障时，整个机组出现功能失调或完全丧失功能。局部故障是指机组某个部件发生故障，但不致影响整个机组的运行，如叶片磨损。

（3）按照水力机组故障发生的原因，可分为水力故障、机械故障以及电气故障。由水力因素引起的故障称为水力故障、由机械部分出现问题而导致的故障称为机械故障，而由电气部分引起的故障称为电气故障。

（4）按照水力机组故障发生、发展的进程，可分为突发性故障和渐进性故障。突发性故障是指在没有任何较明显征兆的情况下，突然发生的一种故障，这类故障一般具有很大的破坏性，如大轴断裂、叶片断裂。突发性故障是多种内在不利因素以及偶然性的环境因素综合作用的结果。突发性故障一般说来，虽然是突发性的、很难预防的，但是严格说来，这类故障也具有从量变到质变的过程，需要精密仪器的测量和具有丰富经验的运行人员不断观察才能发现。渐进性故障是指机组在运行中，某些部件的性能指标逐渐恶化，最终超出允许范围或极限而造成的故障。这类故障一般有磨损和疲劳特征。

渐进性故障是水力机组的主要故障，因此是选择不同诊断方式的依据。渐进性故障一般有以下特点：

1）发生故障的时间一般是机组运行相当长的时间，接近于机组各个部件的设计寿命后期。

2）渐进性故障具有一般规律性，是可以预防的。故障的发生是一个从量变到质变的过程，不是突然发生的，因此可以通过各种仪器进行监测与诊断。

3）渐进性故障因为大多发生在机组有效寿命的后期，所以故障发生的概率与机组运行时间长短有关。机组运行的时间越长，发生故障的概率就越大，破坏程度也越大。

（5）按照水力机组故障外部特征，可分为可见故障与隐蔽故障。可见故障是指在机组运行过程中，发生的故障是可以直接观察到的，这类故障往往表现为机组振动加剧。隐蔽故障是指无法直接观察到的故障。

（6）按照故障造成的后果，可分为危险性故障和非危险性故障。一般而言突发性故障和急剧性故障属于危险性故障，常常导致整个机组损坏、停运甚至发生人身事故和重大灾难事故。危险性故障是机组安全运行的重大隐患。非危险性故障是指可修复的故障，这类故障是电厂机组运行中经常出现的故障类型。

上述水力机组故障类型大多是相互交叉的，对于某一确定故障，它可能属于两种或两种以上的故障类型。而且，随着故障的进一步发展，故障可能由其中一种类型向另一种类型发展。

水力机组从安装运行到主要部件使用寿命后期，会出现各种故障，这类故障大部分具有随机特性。这里的随机特性是指：在不同时刻观察的数据是不可重复的；表征机器工况状态的特征值是在一定范围内变化的。即使同一型号的水力机组，由于装配、安装以及电站工作条件的差异，它们表现出的故障类型、方式也不同。大量的电站运行和试验证明，大多数机组的故

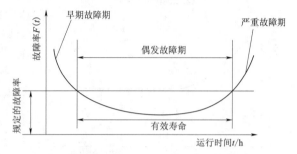

图 1.1　典型水力机组故障率曲线

障率是一个时间函数。典型的水力机组故障率曲线称为"浴盆"曲线，曲线形状两头高、中间低，具有明显的阶段性，一般划分为 3 个阶段：早期故障期、偶发故障期和严重故障期[1]，如图 1.1 所示。

由于每个电站的安装条件和运行条件等差异，故障率曲线也表现出一定的差异，有的表现为没有早期故障期，而有的表现为恒定的故障率。图 1.2 给出了几种常见的机组故障率曲线。

对于早期故障期，主要是因为机组在安装、调试时存在一定的偏差，例如大轴轴线不直，上下不同心。对于出现早期故障期的机组，一般故障率较高，但是随着时间的增加而迅速下降，当下降到基本持平，不再出现大波动时，表明早期故障已结束。如果安装、调试适当，则机组在运行时，可能不会出现早期故障期，如图 1.2 （a），（b），（d） 所示。

1.1.2 水力机组故障机理研究

对水力机组故障机理的研究，其目的是了解机组故障本质及其特征，揭示故障的形成及发展规律，建立合理的故障诊断模式。

水力机组故障机理的研究对于提高故障诊断的成功率十分重要。水力机组作为一个整体系统，其又可被认为是由多个子系统构成的，因此在对水力机组进行故障诊断时应同时考虑水力机组系统的相关性、层次性、延时性和不确定性。

相关性决定了系统故障的横向性，当机组的某一部件发生故障时，与其相关的某些部件也可能发生故障，形成了同一层次多故障同时存在的状态，因此在机组诊断时，必须采用多故障诊断或融合诊断。

层次性决定机组故障的纵向性，因此可以将一个复杂的诊断问题逐层分解为简单

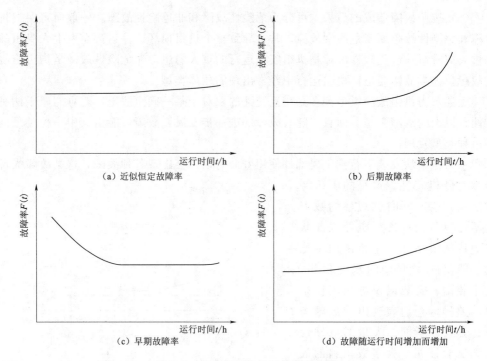

图 1.2　几种常见的机组故障率曲线

问题来解决。

　　不确定性说明了系统故障的模糊特性，这些模糊特性是由于系统自身结构中元素特性、联系特性的不确定性、信号采集分析系统特性的不确定性以及数学模型、工作环境的不确定性所引起的。

　　因此水力机组故障机理的研究对故障诊断而言是十分重要的。

1.1.3　水力机组故障诊断流程

　　信号的采集、处理属于水力机组在线监测系统，其主要是通过各种类型的传感器，在适合的监测点获取机组运行中的各种参数。这些原始参数的准确程度直接影响后续监测与诊断的结果。

　　传感器是信号采集的关键，其性能的好坏直接影响着采集信号的准确性。水力机组的监测范围广、测量参数多，对同一参数的测量也需要不同类型的传感器。因此，一个监测系统中通常含有多种传感器，并且传感器的选型和布置也很重要。利用高新技术材料开发的多通道、宽频、高灵敏度的各类传感器，经适当布置并与常规测量结合，就可以有效地测取机组的各种电量和非电量、正常和非正常、动态和稳态时的运行参数，就有可能在监测过程中观察到并非瞬间发生的故障先兆，如水力机组的振动摆度、发电机的局部放电、轴承温度升高和发电机的定子间隙在线监测等。然后通过二次仪表和数字转换仪器及信号分析仪、高灵敏度放大器等硬件，将这些运行参数进行放大识别、抑制干扰，判别故障类型并报警显示。这就是信号采集、处理并进行特征抽取的过程。特征的抽取应能正确反映设备运行的状况并供下一步分析使用。

　　信号处理是机组在线监测与故障诊断系统的一个重要环节，根据信号理论中"错误的输入，不可能有正确的输出"的观点，表明信号处理的好坏直接影响着后续的诊断。

长期以来 Fourier 分析作为一种有效的分析方法应用于各类信号处理中，它是一种线性处理方法，从事水力机组振动故障分析与处理的专家、学者们在长期的科学研究和大量现场实践的基础上，形成了一套完整的特征频谱的旋转机械振动故障诊断方法。常用的有时域和幅值域统计特性分析法、时差域分析法和频域分析法等。

（1）时域和幅值域统计特性分析法：在时域中以若干时域参数的统计量作为特征参量，一般为最大值、最小值、均值、均方值、方差和标准差等。在频域中以振动信号幅值的概率密度和概率分布来描述振动信号的统计特性。

（2）时差域分析法：通过对自相关函数的分析，测定一种随机干扰的平均传输速度、确定信号传递通道以及寻找振源或故障发生部位。

（3）频域分析法：通过离散和连续的幅值谱和相位谱，寻找故障的部位和原因。这些分析方法都是基于平稳信号的线性分析方法，而水力机组的振动信号除大量表现为平稳信号外，还有部分表现为非平稳信号。对于机组而言，表征机组运行的故障征兆往往是包含在非平稳信号中。当机组发生突变时，在信号中表现为一奇异点，常规的信号分析无法检测出这种突变点，所以要寻找一种适用于非平稳信号处理的数学工具。近年来，这种研究主要集中于短时 Fourier 变换、Winger 分布和小波变换。小波变换同时在时域、频域中具有很好的局部性，将时频统一起来，适合于突变、非平稳、时变和非线性信号的分析与诊断。

诊断决策是水力机组故障诊断系统的最后一步，故障诊断系统经过信号处理分析、模式识别等步骤后，对机组故障进行诊断判别。故障诊断是一种利用监测、诊断信息的模式识别机组故障发生原因、发生部位、发展过程的技术。

1.2　水力机组故障诊断国内外发展状况

水力机组故障诊断技术是在信号采集和数据处理分析技术、电子计算机技术基础上发展起来的。最早发展设备故障诊断技术的国家是美国，早在 1967 年美国宇航局和海军研究所就成立了美国机械故障预防小组。随后美国的许多学术机构和高等院校都参与了故障诊断技术的研究，而且还出现了一些制造诊断仪器和监测系统的厂商。同时，故障诊断也由航天、航空、军事领域等转入到各个工业领域，美国从事电站故障诊断系统工作的主要公司有：西屋公司（WHEC）、IRD 公司、本特利公司（Bently）等。西屋公司从 1976 年开始电站在线诊断工作，1980 年投入了一个小型的电机诊断系统，1981 年进行电站人工智能专家故障诊断系统的研究，后来发展成大型电站在线监测诊断系统（AI），并建立了沃伦多故障运行中心（DOC）。本特利公司（Bently）开发的旋转机械故障诊断系统（ADR3）应用于许多电站，并取得了很好的效果。

英国于 20 世纪 70 年代初成立了机器保健与状态监测协会，到 80 年代初致力于故障诊断技术的研究和应用推广。在摩擦磨损、汽车、飞机发动机监测和诊断方面，英国具有领先的地位。

在欧洲也有不少公司从事故障诊断技术的研究、产品的开发及应用。如瑞士ABB公司，瑞典SPM公司、AGEMA公司，丹麦的B&K公司等。

日本的故障诊断技术也开始于20世纪70年代，并且日本的故障诊断技术发展很快。俄罗斯在故障诊断方面的研究也居于领先地位，研制的水轮发电机专家诊断系统（ESCONT）能对机组振动和定子绕组热固性绝缘状态进行监测和评估。

我国开展设备故障诊断始于20世纪70年代末，主要依赖引进国外技术来研究各种机械设备的故障机理、诊断方法以及开发简便的监测与诊断仪器。80年代到80年代末，国内开始研究新的诊断理论和开发自己的诊断系统。从90年代发展至今，我国的诊断技术已经接近国际水平，应用领域也扩展到许多学科。上海发电设备成套设计研究所开发的应用于旋转机械诊断技术的设备已成功投入到电厂；哈尔滨工业大学振动工程中心也开发出以MMMD-3为代表的多种故障诊断设备；西安交通大学也开发出大型旋转机械设备计算机监测与故障诊断系统。国内也发表出版了大量故障诊断的专著，例如：《设备故障诊断手册》《机械设备故障诊断实用技术丛书：旋转机械故障诊断实用技术》《机械故障诊断学》等。

我国水力机组故障诊断的研究开始于20世纪80年代，由于国内对大型旋转机械、透平机械、汽轮发电机组的故障诊断的研究发展迅速，所以水力机组的故障诊断技术也得到了快速发展。国内从事水力机组故障诊断的高等院校主要有清华大学、华中科技大学、西安理工大学、大连理工大学等。

从20世纪80年代至今，水力机组故障诊断技术的发展大致可分为3个方面。

1. 故障机理的研究

由于水力机组设备庞大、结构复杂、诱发故障的原因多、机组运行的季节性强，且因故障停机造成的间接损失巨大，所以水力机组的故障研究很重要。水力机组诱发故障的因素多、产生故障的原因复杂，对水力机组故障的研究主要通过理论计算、分析，模型试验以及原型观察。对故障的研究主要集中于水力机组的振源、自振特性、自激振动、推力轴承故障、导轴承故障、发电机绝缘、局部放电、定转子动不平衡等问题。在这一方面的主要著作有《水轮发电机组振动》《水电机组故障分析》。

2. 计算机辅助监测

随着计算机技术和信号处理技术的飞速发展，故障诊断技术的现场实施更多地依赖于计算机。机组状态信息的采集、信号的分析处理、数据库的管理、诊断结论的给出都由计算机完成。这一阶段主要集中在故障诊断技术状态监测领域的研究。

1986年，第31届国际大电网会议就机组监测和诊断问题进行了专题讨论，各国专家对监测对象以及如何监测提出了不同的见解，比较集中提及的监测内容有发电机气隙，定子绝缘和机组振动等。

水力机组在线监测参量、监测点及传感器的选择是表征机组运行状态的设计参数的所属参数。水力机组的运行状态是评价机组好坏的一个综合性指标，其设计参数的所属参数是指与机组运行有关的一系列独立的电量、非电量参量。目前评价机组运行状态优劣还没有一个综合判定标准，判定一台机组运行状态好坏，只能就不同参量分别而论；许多参量也缺少判定的标准，且已有的一些标准也还存在许多不完善的地方。

目前国内有一批比较成熟的监测装置投入实际应用，下面根据监测参量对其中具有代表性的监测装置进行介绍。我国利用计算机对水力机组振动监测研究的时间不长，但已开发了多个机组振动和摆度监测系统。如 20 世纪 80 年代后期投入运行的单片机（8031）式 BZJ 水力机组振动摆度监测仪、单板机（Z80）式 NW6231 水力机组振动监测分析仪等。进入 90 年代，又开发出以微机（AST286）为核心的 DAS 振动摆度微机测试分析系统，以及华中理工大学与葛洲坝电厂共同开发的以工控 PC 机（80386）为核心的振动摆度在线监测及信号分析计算机测试系统。

3. 诊断理论和诊断系统的研究

随着信息处理技术的飞速发展，机械诊断方法不断地得到丰富。有传统的分析方法，如相关分析、时域波形、轴心轨迹、频谱分析等，也有新的分析方法，如主分量分析、时频分析、全息谱理论等。这些诊断理论在一些机械设备中得到了成功的应用，因此可以将这些理论直接应用到水力机组的故障诊断领域中。

现阶段的水力机组故障诊断多采用人工智能技术结合模糊识别理论，利用人工神经网络来实现。基于神经网络的预测功能、模糊推理功能、目标自动识别功能、图像处理技术、信号处理技术以及它的自适应能力、自学习能力和任意逼近连续函数的能力，其对处理系统故障中大量的非线性问题得心应手。

人工智能技术作为计算机的一个新兴应用分支学科，为发挥计算机的作用提供了又一个技术条件。它所面向的对象及环境是极其复杂的，其程序设计方法既有知识表示结构，又有并行推理机制，能够针对具体问题具体分析，具有并行计算的语言编译或硬件支持的解释器，以开放和通用为特征，促进了具有大型知识库的专家系统的研究。人们利用它寻找一条从初始状态到目标状态最优最好的路径，然后用人工智能搜索技术求解，以代替和发挥专家的分析推理作用。这就是在在线监测的基础上，结合运行、检修的经验，运用人工神经网络的理论，开发研制出具有人工智能分析能力的计算机自动综合分析诊断专家系统。通过该专家系统可明确地告诉人们，哪类故障正在形成，故障点位于设备的什么部位，为状态检修提供依据。

小波理论的研究和应用是当前数学研究和工程方面的一个热点。国内外开展的研究很多，在状态监测与故障诊断方面，有的学者对小波分析在汽轮发电机组在线监测与故障诊断系统中的应用做了研究，但是对小波分析在水力机组监测与故障诊断系统中的应用研究不多，正在起步阶段。同时，分形与混沌应用于机组故障诊断领域的研究也在开展。

1.3 水力机组故障诊断的发展趋势

现代科学技术的飞跃发展为水力机组故障诊断的发展起到了推动作用。各种新技术的不断出现，使得信号分析与处理的手段日臻完善。人工智能技术的研究使其在机组诊断领域的应用越来越广。此外，其他相关技术的发展也促进了机组故障诊断的研究。总体上来说，水力机组故障诊断的发展趋势如下：

（1）采用先进检测技术和传感器技术的水力机组诊断信息获取的研究。传感器是获取水力机组运行状态信息的主要手段，水力机组运行环境的噪声大、干扰因素多，因此传感器的性能对获取信息的准确程度具有至关重要的作用。高性能、高抗干扰传感器的出现，会使水力机组的信息获取更准确。

（2）应用最新信号处理技术的诊断信息处理的研究。由于工程实际中总是存在各类现存数学工具不能解决或不能很好解决的问题，因此科学家总是在寻找新的数学方法来解决这些问题。这些新的信号分析处理数学工具的出现，使原本很难解决或无法解决的问题得到有效的解决。如水力机组的振动信息表现为非平稳信号，其信号是非线性的，所以在水力机组故障诊断领域将会应用到许多处理非线性问题的信号分析处理工具。

（3）集成式故障诊断系统。当前的诊断系统在推理方法上是单一的，在求解复杂系统的诊断问题时受到很大的限制。未来的水力机组的诊断系统应根据不同子系统和不同问题的特点采用不同的诊断方式，甚至采用几种不同的诊断系统进行混合诊断。

（4）基于 Internet 的远程诊断。随着水电厂规模的不断扩大，水力机组的复杂化和大型化，单一的、各自独立的监测与诊断系统不能满足要求。同时，电子计算机和网络的普及，使网络型诊断系统具备了硬件基础。分布式监测与诊断系统因此而产生，这种系统以计算机网络为基础，将分散在各处的监测系统以及各种服务和管理系统联系起来。这种系统通过局域网联入到 Intranet 或 Internet 上，从而使单个系统的资源放入到整个 Internet 的资源上，实现了资源共享，加速了水力机组故障诊断系统的研究。水力机组的监测与诊断系统不但是对机组自身的监测与诊断，而且还结合外部电网以及其他网络的反馈信息进行综合监测与诊断。

（5）数字化的管理与诊断系统。随着数字孪生与多物理场仿真技术发展，基于多编程语言与数据库技术，水力机组的诊断发展趋于数字化、智能化、数据化，逐步发展成为包含多物理场景、机组关键部件的三维数字孪生，形成集管理、预测、诊断与评估的数字化系统。以实时的海量数据为基础，实现水电机组实时运行状态的管理、监测与故障预警。

资源 1.2
数字化的
管理与诊
断系统

第2章 水力机组的主要故障

效率、空蚀和稳定性是描述水轮机以及整个机组的三大指标。效率是描述机组对能量转化比例的指标，空蚀是影响机组使用寿命的一个关键因素，稳定性则描述机组运行的状态。水轮机的工作介质是水，水流运动的复杂性就决定了机组运行的复杂性，因此机组运行中的故障也表现出复杂多样性。按照水电机组故障发生的次数、频率以及种类，可将机组的故障大致分为振动、空化和空蚀、温度、机械以及电气故障等。按照水电机组故障发生部位，可分为发电机故障、水轮机空化空蚀、轴承故障及机组振动故障。

2.1 发电机故障

水轮发电机是将机械能转化为电能的设备，按照转轴布置方式不同可分为立式和卧式两种，而现代大、中型水轮发电机通常采用立式结构。立式结构的水电机组主要由定子、转子、上机架、下机架、推力轴承、导轴承等部件组成。发电机的定子由机座、铁芯和线圈等部件组成。转子主要由主轴、轮毂、转子支架、磁轭和磁极等部件组成。发电机的部件处于强电流和强电磁场下，在机组运行时发生故障频率最高的部件是定子和转子。

2.1.1 发电机定子故障

发电机的主要故障集中于定子上，多数是由于主绝缘和匝间绝缘引起的。发电机定子故障主要是由于定子线圈接头结构不良，定子铁芯松动，端部和槽部固定结构不合理，通风不好，机械磨损，内部游离放电和铜线断股等原因造成的。

1. 定子绝缘故障

因绝缘结构及其局部缺陷而发生绝缘击穿事故的情况不少。其主要原因是绝缘层内含有硬质颗粒凸出而顶破绝缘，加上浸胶不透，绝缘分层，或绝缘材料本身的缺陷，特别是槽口拐弯区域，因运行条件比较恶劣，电流比较集中，遭受交变应力大，机组运行一定时间后，缺陷暴露，产生击穿短路或接地事故。另外，发电机槽内或槽口遗留有金属异物，特别是导磁性金属，在交变磁场的作用下不断振动，将绝缘强度降低或破坏，使绝缘不能承受正常运行电压而被击穿，甚至发生相间短路事故。

绝缘老化也是发电机定子的一个主要故障，主要表现在机组运行出现绝缘击穿、接地和预防试验中，绝缘达不到最低试验电压标准的规定。内游离损坏最严重的部位是线棒棱边，其受损程度约为宽面绝缘游离损伤深度的4～5倍。绝缘击穿事故和试验中的绝缘击穿大多发生在棱边。

资源 2.1
定子绝缘
故障

2. 股线短路

股线短路的线棒均处于高工作电位，因此，股线短路是气隙内游离的结果。短路的线棒绝大多数位于前槽，多发生于上下槽口附近，短路的股线由几股到十几股，即由股间短路到排间短路。

槽部股线短路后，在不同排导线之间形成的电压作用下，由短路点经导线与导线鼻部形成闭合回路，产生回流，使短路点附近发热，导致该处绝缘过热、烧焦或损坏。局部短路的温升又会导致相邻股线的继续短路和温升增高，这又会导致绝缘的老热化。

3. 定子机械故障

水轮发电机的定子机械故障主要有以下几种：

（1）定子线棒接头开焊。定子线棒接头开焊会引起线圈着火，是发电机最严重的事故之一。开焊引起的线圈起火事故需要更换大量线棒，且线棒需表面局部处理。定子线棒接头开焊原因很复杂，主要是接头结构不良造成接头质量不好，线棒尺寸不规整，上下层的线棒接头不牢，并头套子过松以及内部铜楔过薄等。开焊的形成过程为：①开始时接头过热使焊锡熔化；②上部接头焊锡流走后铜线过热氧化，导线截面逐步变细变质而发生开焊；③下部接头由于铜线泡在熔化的锡中，铜导线与锡形成铜锡合金，导线迅速变细或熔断而发生开焊。

（2）定子绕组股导线水路堵塞。造成定子绕组股导线水路堵塞的原因可能是线棒的载流体局部温升、蒸馏水质量差、定子绕组和冷却系统在结构及工艺上的缺陷。水路堵塞可能会引起导线散热不良，使定子绕组绝缘产生局部过热，导致绕组的绝缘性质和机械性能恶化。过热还会破坏绕组的股导线间的黏合，引起导线振动，线棒外包绝缘层产生磨损，并导致绝缘被击穿。

（3）定子冷却漏水。定子的冷却一般采用空冷，空气冷却器有时会出现漏水，漏出的水到定子绕组表面，从而使绝缘受潮，降低绝缘电阻，引起绝缘泄漏电流增大，加快了定子绕组表面部分及其支架构件沿泄漏电流途径的炭化，引起个别线棒绝缘击穿。

（4）线棒和槽壁之间间隙击穿。由于加工制造时，定子绕组线棒存在负公差，线棒和槽壁之间出现间隙，因此有可能出现因间隙击穿而发生局部放电。

4. 定子绕组接地故障

发电机投入运行后噪声很大，而且伴有一种深沉的啸叫声，这有可能是由发电机定子绕组接地出现故障引起的。

资源 2.2
定子绕组
接地故障

2.1.2　发电机转子故障

水轮发电机转子事故主要是接地和匝间短路。引起转子接地和匝间短路的原因很多，对于长时间运行的水电机组，转子温度高，加上机械振动力的作用，易使铜线暴露，造成接地或匝间短路[2]。

资源 2.3
发电机转
子故障

转子滑环和刷握的绝缘击穿，其主要原因是结构上的缺陷或电刷装置上的污垢、油污和灰尘，使绝缘遭受腐蚀、老化，并造成绝缘电阻降低。电刷冒火花和转子滑环燃烧，有可能是由于电刷型号、压力和间隙选择不当，滑环和电刷表面不平，或者是由转轴和滑环摆动引起。

此外，由于发电机转子在较高转速下运转，且转子本身由若干零部件组成，依靠螺栓和键等连接件连成整体。当连接件强度不足时，可能使转子的某些零部件产生有害变形，严重时，这种高速产生的离心力会使整个发电机转子解体，这些从发电机转子飞出的零部件或金属残骸又继续损坏发电机定子或厂房其他设备。

2.1.3 发电机温度故障

温度故障也是发电机的一个主要故障。发电机的热源是发电机损耗集中的部位，发电机的损耗分为4类：

（1）机械损耗，冷却介质流动所需的通风损耗。

（2）电损耗，定转子的电损耗。

（3）磁损耗（磁滞损耗），铁芯内的主磁通所产生的涡流损耗。

（4）附加损耗，铁芯内的附加损耗以及绕组内的附加损耗。

资源 2.4
磁损耗

造成附加损耗的因素有磁通的高磁谐波，磁通挤入槽内以及磁通在端部的泄漏，由于端部的泄漏，致使铁芯端部的几个迭片组以及端部的其他部件产生涡流造成局部温升过高。

其他造成定子绕组和定子铁芯温度升高的因素有：

（1）定子铁芯硅钢片间的绝缘损坏。

（2）定子绕组端部接触电阻增大。

（3）发电机电流高于额定电流。

（4）发电机的电压高于最高允许值且较长时间运行。

（5）发电机定子绝缘损坏。

（6）测温仪表或温度监测系统发生故障。

（7）冷却系统不正常工作，如冷却介质入口温度高于规定值；冷却介质通风道或其他过滤器堵塞；发电机本体通风孔堵塞；冷却系统发生故障，冷却效率降低等。

冷却系统对于降低机组的温度很重要，对于空冷的水电机组应该要求冷却系统：冷却水进出口温差应在 5～20℃ 的范围，冷却介质进出口的温差应在 20～35℃ 的范围，冷却介质入口温度和冷却器进水温差应在 5～15℃ 的范围。

对于温度故障，不同的故障原因对应着不同的故障特征，或者说不同的故障表现，其发生原因也不同。冷却介质进出口温差不大，但定子绕组和定子铁芯温度较高，出现这种故障的原因可能有：冷热风路短路，冷热风道之间隔热性不好，冷却系统的冷却效果不好等。但如果发生冷却介质进出口温差较大，但发电机各部温度较高这类故障，那么可能是因为通风道发生堵塞，风阻增加，造成冷却风量不足。

当冷却器进出水温差小、发电机各部温度高、冷却介质入口温度与冷却器进水温差大等现象出现时，可能是冷却器积污或冷却效率降低等因素造成的。当冷却器进出水温差大、发电机的温度较高、冷却介质入口温度和冷却器进水温差大等现象出现时，可能是冷却器的通水管道堵塞、冷却水不够量等因素造成的。

2.2　水轮机空化空蚀

2.2.1　空化空蚀机理

1. 空化机理

空化发生在局部压力下降到某一临界值（一般接近饱和蒸汽压力）的流动区域中，液体中形成空穴，破坏液相流体的连续性。当这些空穴进入压力较低的区域时，空穴中的液体蒸汽以及从溶液中析出的气体，就开始发育成长为较大的空泡（气泡），这些气泡到压力高于临界值的区域就溃灭，这个过程称为空化。空化包括了空泡初生、发育成长到溃灭的整个过程。

根据空化发生的条件和其主要的物理特性将空化划分为以下几类：

(1) 游移空化。游移空化是一种由单个瞬态空泡形成的空化现象。这种空泡在液体中形成后，随液流运动并经历若干次膨胀、收缩的过程，最终溃灭消失。游移空化常发生在壁面曲率很小，且未发生水流分离的边壁附近的低压区，也可出现在移动的旋涡核心和紊动剪切层中的高紊动区域。

(2) 固定空化。固定空化是初生空化后而形成的一种状态。当水流从绕流体或过流固体壁面脱流后，形成附着在固体边界上的空穴。肉眼看到的空穴相对于边壁而言几乎是固定的，因此称为固定空化。又由于其产生于水流分离区，因此也称为分离空化。

(3) 漩涡空化。在液体漩涡中，涡中心压强最低，如该压强低于其临界压强，就会形成漩涡空化。与游移空化相比，漩涡空穴的寿命可能更长，因为漩涡一旦形成，即使液体运动到压强较高的区域，其角动量也会延长空穴的寿命。漩涡空化可能是固定的，也可能是游移的，尾流中的旋涡空化是不稳定的和多变的。

(4) 振荡空化。振荡空化是一种无主流空化，一般发生在不流动的液体中。在这种空化中，造成空穴生长或溃灭的作用力是液体所受的一系列连续的高频压强脉动。这种高频压强脉动既可由潜没在液体中的物体表面振动形成，也可由专门设计的传感器来实现，但高频压强脉动的幅值必须足够大，以至于局部液体中的压强低于临界压强，否则不会形成空化。

振荡空化与前述 3 种空化的根本区别在于：前述 3 种空化中，一个液体单元仅通过空化区一次；而在振荡空化中，虽然有时也伴有连续的流动，但其流速非常低，以至于给定的液体单元经受了多次空化循环。

空化是空穴在局部压力降至临近液体蒸汽压力的瞬间形成。液体中含有的气泡破坏了液体的连续性，气泡在液体中保持稳定需要满足以下方程：

$$p_b = p_\infty + \frac{2\tau}{R} \tag{2.1}$$

式中　　p_b——气泡内的压力，Pa；

　　　　p_∞——液体内的压力，Pa；

　　　　τ——表面张力系数，N/m；

R——气泡半径，m。

空化的产生基于液体中存在着大量的不溶性气体及蒸汽所组成的气核，随着液体压力的降低，从液体中的气核开始形成气泡，当继续降压时，气泡由初生不断长大。当升压时，气泡则不断缩小而溃灭，这是一个复杂的动态过程，它不仅与气泡本身的参数有关，而且受到液体的黏滞性、表面张力、可压缩性和惯性等物理性质的影响，同时还与气体的扩散、溶解等有一定的联系。空泡溃灭的时间与空泡初始半径、液体的密度和液体的压力有关。空泡越大，溃灭时间越长；液体内的压力越大，空泡溃灭的时间越短。

2. 空蚀机理

当水流通过水轮机过流部件时，由于绕流叶片局部脱流、水流急剧拐弯等原因，在相应部位都会导致流速增大而使压力降低。如果压力降低到该温度下的气化压力时，一方面由于水的汽化产生水蒸气的气泡，另一方面水中溶解的一部分空气也会随着压力降低被释放出来，这样就形成了水蒸气和空气混合的膨胀气泡。水轮机的空蚀，就是气泡在初生、发展和溃灭过程中，由于产生巨大的微观水锤压力，重复对水轮机过流部件表面产生侵蚀破坏作用的现象，空蚀是空化的直接后果。

空蚀机理是个十分复杂的问题，空蚀很可能是多种因素综合作用的结果。事实表明，任何固定材料，在任何液体的一定动力条件作用下，都能引起空蚀破坏。

空泡溃灭的机械作用是空蚀的主要原因，但是对于破坏过程却有几种不同的看法，第一种最广泛的解释是：破坏基本上是由于从小空泡溃灭中心辐射出来的冲击压力而产生的，考虑在固体边界附近有一孤立的溃灭气泡，其溃灭压力冲击波从气泡中心传到边界上，使边壁形成一个球面凹形蚀坑，可以根据蚀坑的直径和深度计算出形成凹形坑的功，从而可以分析出单位空泡溃灭时的冲击强度、初始空泡的直径和溃灭中心的位置等。

第二种看法是认为空蚀是由微型射流所造成的。当空泡溃灭时发生变形，这些变形随压力梯度增大及靠近边界面而增大，这种变形促成了流速很大的微型射流体，射流在溃灭结束前的瞬间穿透空泡内部，当溃灭离边界很近时，这种射流射向固体边界造成空蚀。

第三种看法是通过热力学理论和电化学作用论来解释空蚀现象。热力学理论认为当空泡高速受压后，汽相高速凝结从而放出大量热，这些热量足以使金属融合造成损坏。电化作用论认为空泡溃灭时会对固体边界的冲击造成影响：一是冲击点温度升高与邻近的非冲击点形成热电偶产生电流；二是在冲击点处其金属材料局部受力迫使金属格变位，而周围的晶体阻止变位，从而产生电流，起到电解作用使固体材料破坏。

空蚀机理是一个很复杂的问题，除了上述的因素外，它还与化学腐蚀、泥沙磨损等相互促进，加快材料破坏的速度。

根据试验观察，空蚀在固体边界上不是均匀分布的，而是集中于某些位置上。当形成第一个蚀坑时，在一定条件下，它的发展速度要比其他更快，蚀坑越来越大，也越来越深，最后导致材料破碎。

根据对多种类型的水力机械空蚀区的观察和试验，空蚀经常在绕流体表面的低压区或流向急变部位出现，最大空蚀区位于平均空穴长度的下游端。

根据空蚀的位置和条件，水轮机空蚀可分为翼型空蚀、间隙空蚀、局部空蚀和空腔空蚀。不同类型的水轮机往往有其各自的空蚀主要形态。

由于反击式水轮机叶片正面为正压，背面为负压，在叶片背面靠近出口的区域压力达到最低值，如果该压力低于该环境温度下的饱和蒸汽压力，就有可能会发生翼型空蚀，翼型空蚀是反击式水轮机的主要空蚀形态，其空蚀区位于叶片的不同部位，这与转轮型号和运行工况有关。一般空蚀区分布在叶片背面下部偏向出水边部位。对于混流式水轮机，翼型空蚀区主要位于下环处及下环内表面。对于轴流式水轮机，其翼型空蚀主要发生在叶片背面进水边的后部及出水边外缘附近，在偏离设计工况时，有时在叶片的工作面也会出现翼型空蚀破坏。

资源 2.5
间隙空蚀
机理

间隙空蚀是当水流通过狭小通道或间隙时引起局部流速升高，压力下降到一定程度时所发生的一种空蚀形态。转桨式水轮机间隙空蚀最为突出，发生在叶片外缘与转轮之间以及叶片根部与轮毂之间的间隙附近区域。混流式水轮机出现间隙空蚀的区域有导叶上下端面、立面密封以及在顶盖、底环上相应与导叶全关位置的区域。水斗式水轮机在小开度时，喷嘴与喷针之间有时也会发生间隙空蚀。

局部空蚀主要是由于铸造和加工缺陷形成表面不完整、砂眼、气孔等引起的局部流态突然变化而造成的。

空腔空蚀是反击式水轮机所特有的一种漩涡空蚀，表现最突出的是混流式水轮机。空腔空蚀形成原因是在非设计工况下，反击式水轮机运行时转轮出口水流存在一定的圆周速度分量，产生涡带，涡带中心形成很大的负压，涡带的旋转频率为机组转频的分数，涡带造成机组振动和噪声，在尾水管进口段边壁处引起空蚀。

2.2.2　空蚀破坏程度

为了评价水轮机空蚀破坏程度，通常采用空蚀指数 K 来评价。空蚀指数 K 表示转轮叶片单位面积、单位时间上的空蚀深度的平均值，即

$$K = \frac{V}{TF} \tag{2.2}$$

式中　　K——水轮机的空蚀指数，10^{-4} mm/h；

$\quad\quad\quad V$——空蚀体积，$m^2 \cdot mm$；

$\quad\quad\quad T$——运行时间，h；

$\quad\quad\quad F$——叶片背面总面积，m^2。

空蚀指数分为 5 个等级[3]，见表 2.1。

表 2.1　　　　　　　　　　　　　空　蚀　等　级　表

空蚀等级	1	2	3	4	5
空蚀指数/(10^{-4} mm/h)	<0.0577	0.0577~0.115	0.115~0.577	0.577~1.15	≥1.15
空蚀速度/(mm/a)	<0.05	0.05~0.1	0.1~0.5	0.5~1.0	≥1.0
空蚀程度	轻微	中等	较严重	严重	极严重

水轮机的空蚀破坏程度与运行条件有着密切的关系，其中主要条件有运行时间、水轮机的吸出高度、机组尺寸以及运行工况等。

一般认为叶片空蚀深度是运行时间的幂函数，即

$$h_{\max} = kT^n \tag{2.3}$$

式中　$h_{\max}$——叶片最大空蚀深度，mm；

　　　k——空蚀深度的比例系数；

　　　T——运行时间，h；

　　　n——指数（1.6～2.0）。

降低吸出高度可以大大减轻空蚀强度，甚至可以避免翼型空蚀的发生。对同一轮系的水轮机在相似工况下，其空蚀强度与转轮的标称直径的平方成正比，与水轮机的应用水头的平方成正比，与所用材料的抗蚀能力成反比。

对于翼型空蚀影响因素很多，如翼型本身的参数、组成转轮翼栅的参数等。理论计算表明，空化系数明显地受翼型厚度及最大厚度位置的影响，翼型越厚，空化系数越大。

叶片的工艺和材料对空化空蚀的影响也很大，叶片表面的粗糙度和波浪度不够标准时，叶片出水边厚薄不均等均会导致叶片的空化空蚀加剧。坚硬的材料具有良好的抗蚀性能。

空化和空蚀对水轮机的影响很大，常引起各种破坏现象：

（1）造成金属剥蚀。

（2）降低机组的效率和出力。

（3）产生噪声，当水轮机运行在空蚀工况时，由于空化，将出现 20Hz 以下可以听到的噪声和 20kHz 以上的超声波，在空蚀的不同阶段，噪声的大小也不一样。

（4）使机组产生振动，尤其是混流式水轮机，在其导叶开度在 0.4～0.7 之间时，机组的振动明显加剧，过流部件中的水压脉动增加，比较明显的是尾水管中的水压脉动。通过试验研究表明，尾水管中水压脉动频率基本满足：

$$f = \frac{n}{60} \cdot \frac{\sqrt{\dfrac{0.65N_{\max}}{N}}}{3.6} \tag{2.4}$$

式中　n——水轮机转速，r/min；

　　　N——水轮机出力，kW。

2.2.3　空化空蚀与磨损联合作用

水轮机遭受泥沙磨损的形态为：当磨损轻微时，有较集中的沿水流方向的划痕和麻点；磨损严重时，表面成波纹状或沟槽状痕迹，并常连成一片如鱼鳞状的磨坑；磨损最严重时，可使零件穿孔，转轮出水边呈锯齿状沟槽。

水轮机经磨损后表现为：效率显著降低；由于过流部件表面被磨损后凹凸不平，促进了水流的局部扰动和空蚀的发展；转轮的不对称磨损，加剧了机组的振动。当导水机构磨损后，常造成漏水量增大而无法正常停机，并增加调相时的功率损失和转轮排水的困难。

资源 2.6
空化空蚀与
磨损联合
作用

含沙水流使寄生空气核子数增多，因而使空蚀初生提前并使空蚀强度增大。此外，由于泥沙磨损导致固体边壁表面凹凸不平，为局部空蚀的形成创造了条件。当水中沙粒产生相对加速度时，在沙粒的一侧将形成压力下降区，有利于空穴的形成，容易促进空蚀发展。

空化的发生，在流场中引起压力脉动，尤其是空泡溃灭时，在空泡附近流场中引起高压压力脉动和高速的水力冲击。这使沙粒获得了附加速度，使磨蚀量增大。空泡溃灭时在材料的表面产生了塑性变形，材料表面凹凸不平，加大了沙粒对固体表面的磨蚀角，使磨损加大。

关于空蚀和磨损联合作用的规律，目前认为有两点：一是在空蚀和磨损联合作用下，损耗量随流速的增加而增加；二是金属耗损量随含砂浓度增加而增加。

在空蚀初生阶段或空蚀强度很低时，材料的耗损主要是由沙粒的磨损造成的，材料损耗量随含砂量的增加而增加。当空蚀进一步发展，且水中含砂量不大时，沙粒对材料的磨损作用因空蚀造成塑性变形，使材料表面变得更为光滑，从而减弱了空蚀的冲击作用，使材料的损耗量随含砂量的增加而减小。当空蚀发展到强烈程度，且水中含砂量不大时，磨损不足以改变空蚀的破坏形态，含砂量的增加不能使总的材料损耗量改变。当空蚀强度更大时，空蚀使材料表面呈蜂窝状，加上磨损作用，蚀坑的材料大块脱落，总的金属耗损增大。

2.3　轴承故障

2.3.1　推力轴承故障

推力轴承是水力发电机组重要部件之一，其运行状态直接影响机组运行的可靠性与稳定性。目前，制造推力轴承轴瓦的合金一般为巴氏合金，这种合金比压低，一般在 3.5～5MPa 之间，运行温度一般不超过 70～80℃。但随着水电机组单机容量的不断增大，推力轴承的负荷、轴瓦面积和比压亦不断增大。这就容易引起轴瓦产生机械变形和温度变形、轴瓦磨损等。据有关资料统计，在水力发电机组的机械故障中，有60％出自推力轴承[4]。

1. 轴承镜板故障

（1）镜板镜面光洁度降低。引起推力轴承镜板镜面光洁度降低的主要原因有：硬质微粒进入油槽中和润滑油中渗入水，机组寿命和启动停机次数所决定的自然老化等。推力轴承镜板镜面光洁度降低会引起推力轴瓦温度升高，瓦面摩擦系数增加，造成机组启动和停机困难。这类轴承故障的特点是机组在启动和停机时可以从推力轴承中听到扎扎声响。

合金面上出现连点之后，出现连续的磨损带，磨损带随着机组启动、停机次数的增加而增大，磨损严重时就会使推力轴瓦的钨金熔化，造成推力轴瓦故障。

（2）镜板镜面宏观不平度增高。镜板镜面出现宏观不平度的主要原因有：结构上存在缺陷，载荷作用下在推力头筋板之间的底部产生挠曲，镜板产生变形，推力头产生变形，此外还有在运行过程中，安装时或安装前所出现的镜板残余变形以及装在镜板与推力头之间的垫板损坏。

镜板宏观不平度的特征是：机组运行时引起推力轴承镜板镜面的跳动和推力瓦上应力的脉动的频率通常是转频的倍数（该倍数决定于凸出部分的数目，即镜面上的波峰数目），支持机构（荷重机架或布置在水轮机顶盖上的支持圆锥体）产生垂直振动，其频率为转频或转频的倍数。

2. 推力瓦载荷分布不均匀及轴瓦密封故障

由于机组运行过程中，推力轴承的各块瓦上载荷分布并不是很均匀，它们之间存在一定的不平衡，由于载荷的不均匀，使得个别瓦块过载。轴瓦温度过高，机组常常限制出力运行。从机组长期观察记录，认为其原因主要有：机组底柱刚度不够，安装时主轴中心校正存在一定误差，从而造成机组振动过大，使推力瓦受力不均匀，瓦面出现裂纹、破碎以及最后因局部温升过高而停机（还存在轴承支柱型式和冷却方式等问题）。推力轴瓦上载荷不均匀的特征是瓦温分散。

液压支柱式推力轴承弹性油箱失去密封的主要原因是推力轴承的脉动值增高和制造缺陷。推力轴承的脉动值增高（因镜板镜面的不平度、镜板镜面与发电机轴线不垂直或因作用于水轮机转轮上的水流波动所致）导致油从逆止阀渗漏，同时使弹性油箱产生裂纹，制造缺陷（油箱壁较薄、金屑切口）也会引起弹性油箱出现裂纹。这样使弹性油箱失去密封性，造成推力轴承成为刚性体，推力瓦上载荷的不均匀度增大，使过载瓦的工作条件急剧恶化；同时造成发电机转子下沉量过大，引起主轴端部橡胶密封损坏及用水润滑的水导轴承损坏，结果使大量水跑到水轮机顶盖上。混流式水轮机中，当发电机转子下沉 6~9mm 时，可能会使迷宫式密封损坏。

弹性油箱失去密封性的主要特征是弹性油箱及发电机转子性能有明显下降。

3. 推力轴承机械故障

（1）推力头松动。推力头是推力轴承十分重要的零件之一。在设计、制造和安装时必须保证推力头具有足够的强度、刚度以及冲击韧性，与轴颈配合后不允许有任何的松动产生，但是，由于检修和运行所带来的磨损破坏，往往使配合间隙逐渐增大而产生松动。

造成推力头松动的原因有：通过收紧对称方向上的螺帽拆装推力头加速推力头磨损；轴线处理过程中的磨损破坏；检修工艺不当所造成的磨损破坏；机组运转中的磨损。

（2）推力轴承托瓦与瓦架凸台相碰。推力轴承托瓦与瓦架凸台相碰产生的原因有：由于支撑结构的变更，如以圆环垫代替支柱螺丝，而没有考虑定位，托瓦可在圆环垫上错动；在安装时未按图纸要求调整，位置不合要求等。推力轴承托瓦与瓦架凸台相碰使瓦失去灵活性，瓦遭受磨损，导致瓦温急剧上升或烧瓦。

（3）推力瓦变形。推力瓦变形（主要包括机械变形和热变形），使瓦中央向上凸起，油膜厚度减薄，瓦温升高，甚至瓦中央严重擦伤或熔化。推力瓦产生热变形的原因主要是单块瓦面积太大或太厚，推力瓦的机械变形主要是由瓦面积大、支撑点小（尤其是支柱螺栓式的轴承）引起的。

资源 2.7
推力瓦变形

（4）推力瓦托盘断裂。推力瓦托盘断裂的原因是机组长时间在振动区域运行，加上推力头与镜板之间的组合螺栓未紧固或组合螺栓虽已紧固，但螺帽与销钉没有锁紧固定。

2.3.2　导轴承故障

1. 导轴承机械故障

（1）轴颈与轴瓦间隙增大。水力发电机组机械不平衡或电气不平衡是间隙增大的主要原因。机械或电气不平衡导致作用到导轴瓦上的交变力提高（交变力的频率为机组转频或其倍频）。交变力使这些元件出现凹坑或裂纹，长期下去就会使这些元件遭受破坏。元件遭受破坏后，轴颈与轴瓦之间的间隙扩大。另外，轴颈与轴瓦之间的间隙扩大，使发电机主轴的摆度增大，摆度增大又引起作用于瓦上的交变力增大，交变力增大后，又使支持元件产生更大的损坏，这样就形成了一个恶性循环，使轴承局部破坏或产生干摩擦，导致轴承温度急剧上升。导轴承的制造缺陷如支持元件上（支持螺栓头部、垫板、垫片等）出现凹坑或裂纹，也是引起轴颈与轴瓦的间隙增大的原因。

（2）发电机转子间隙不均匀。发电机定、转子间隙不均匀会导致发电机导轴承瓦温升高。产生发电机转子间隙不均匀的原因有定、转子磁极产生松动、安装缺陷等。

2. 其他故障

资源 2.8
其他故障

由于导轴承存在结构缺陷，导致润滑油循环不良，造成通过轴颈与轴瓦之间的润滑油流量过大或过小，致使轴瓦温度升高。

机组在运行过程中，有时在导轴承的轴颈与轴瓦间、推力轴承的镜板和推力瓦之间有电流通过，该电流即称为轴承电流（简称"轴电流"）。当轴电流通过摩擦部分时，会产生电弧火花，使瓦温明显上升，并引起摩擦表面烧损，酿成事故[5]。产生轴电流的原因主要有单极效应引起的轴电流和轴电压引起的轴承电流。

2.4　机组振动故障

水电机组的振动是水电机组中最常见、最主要的故障，其直接威胁机组的安全运行。据统计国内机组发生的故障有 80% 是由振动引起的[6]，因此认识并把握机组振动故障的特点是机组在线监测与故障诊断的首要任务。

水电机组振动与其他机械设备振动相比有十分显著的特点：①振动故障的渐变性；②振动故障的复杂性；③振动故障的不规则性。水电机组的转速相比其他大型旋转设备而言，其转速低，因此，其磨损以及疲劳具有渐变性，其振动所引起的故障也具有渐变性。水电机组是一个大型的旋转设备，其组成包含水力、机械以及电气系统。影响运行的因素也有水力、机械及电气 3 部分，故运行中出现的振动就有可能是由机械因素引起，或者是由水力因素或电气因素引起的，也有可能是由这三者互相耦合引起的。振动的复杂多样性也决定了对水电机组的振动机理研究很困难。水电机组型号以及容量的设计受地理位置、地质状况以及经济技术等多方面的影响，每个电站的实际条件不一样，不同机组的振动就表现出不同的特性[7]。

岩滩水电站在 1993 年 12 月，1 号机组因振动使水轮机转轮上冠引水钢板断裂，甩出 2mm²×20mm 的钢板，撞磨水轮机顶盖。1994 年 1 月该厂的 2 号机组刚运行 4 个多月，出现同 1 号机组一样的问题。六朗洞水电站 1 号、2 号机组因发电机定、转子间隙不均匀、机组转动部件静不平衡，轴线曲折，转轮叶片出水边型线不光滑等原因，机组产生强烈振动，导致托油盘振坏，永磁机轴振断。

湖南江垭水电站 3 号机组下导摆度大，在负荷工况下，幅值可达到 0.80mm。贵州东风发电厂 1 号机甩负荷时振动、摆度增大，甩负荷后，如果不停机，振动、摆度就不能恢复到原来值。石门电厂 3 号机组，因机组轴线曲折倾斜，水轮机转轮和发电机转子存在质量不平衡，使机组产生强烈振动。

刘家峡电厂在 1997 年 7 月，2 号机组水轮机转轮上冠引水板因振动引起不均匀开焊。沈家水电站 2 号机组，因水轮机产生空腔空蚀产生压力脉动，引起机组振动，机组只能低负荷运行。

影响机组振动的因素主要有机械、水力以及电磁 3 个方面：

（1）机械原因：转动部件不平衡、弯曲以及部件脱落，机组对中不良、法兰连接不紧或固定件松动，固定部件与转动部件的碰磨，导轴承间隙过大、推力轴承调整不良等。

（2）水力原因：卡门涡引起的中高频压力脉动，叶片进口水流冲角过大引起的中高频压力脉动，尾水管内的漩涡流引起的压力脉动等。

（3）电磁原因：发电机定转子间隙不均匀，转子及磁极线圈匝间短路，转子主极磁场对定子几何中心不对称等[8]。

2.4.1 机械振动

水电机组的旋转部件和支承结构都是按轴对称布置，以保证机组运行过程中保持稳定。但是实际上由于机械结构存在缺陷，以及安装不当，会导致机组运行中产生振动。

机械缺陷或故障引起的振动有共同的特点，其振动频率多为转频或转频的倍数，不平衡力一般为径向水平方向。

当大轴在法兰连接处对接不好或大轴有折线时，若导轴承影响大轴自由旋转，迫使大轴弯曲，会引起机组振动。当混流式水轮机出力增加时，作用在转轮上的轴向水压力增大，使得机组振动有所减弱。旋转部件在安装运行时都要经过一系列的试验，如静平衡试验及动平衡试验等。发电机组属于大型旋转部件，当它的质量不平衡时，将产生与大轴垂直的径向离心力。此离心力与转速平方成正比，振幅与激扰力成正比，即由质量不平衡引起的振动，其振幅和转速的平方成正比。机组实际运行中由于磨损、空蚀等多种原因使得机组的质量不平衡加重，进一步加剧了振动。

由于存在加工误差以及安装误差，使得机组的转动部分与固定部分不同心或转轮上水流不对称。运行中产生的摩擦，使转轮周期性的推向一侧，引起摩擦扰动。振动频率一般为转频或倍频。

机械振动故障主要包括转子不平衡故障、转子轴线不对中故障、油膜涡动和一些其他故障。

1. 转子不平衡故障

不平衡故障是水电机组最常见的故障，引起这类故障的原因有：水电机组结构设计不合理，在制造和安装时存在一定的误差，水轮机的铸造材质不均匀，运转中转子产生磨损，转子部件松动和脱落等。由于造成不平衡故障的原因很多，按照不平衡的发生过程可以将转子不平衡故障分为：原始不平衡、渐发性不平衡以及突发性不平衡。

原始不平衡是由水电机组转子存在制造误差、装配误差以及转子材质不均匀等原因造成的，以及在对转子进行动静平衡时，未达到平衡精度就投入运行。原始不平衡这类故障，在投入初期表现明显，机组振动较大。

渐发性不平衡是由于转子在运行过程中不同部位的磨损程度不一样以及其他原因造成的。这类不平衡引起的振动幅值往往随着运行时间的增加而逐渐增大。

突发性不平衡是一种危险性很大的故障，是由转动部分零部件脱落或水轮机转轮流道上附有异物以及部件松动等原因引起的。可能脱落的部件有叶片及平衡质量块；发生松动的部件可能有转子线圈及联轴器等。飞脱时产生的工频振动是突发性的，振幅迅速增大到一个固定值，相位也同时出现一个固定的变化。

立式水电机组的转子在旋转时，旋转轴心有两个，一个是转子本身的轴线，另一个是轴承的几何轴心，这就是转子的弓状回旋。转子作弓状回旋引起的不平衡力近似为

$$F_g = M\omega^2 r_g \qquad (2.5)$$

式中　M——转子的质量，kg；

　　　ω——转子的角速度，rad/s；

　　　r_g——弓状回旋半径，m。

从式（2.5）可以看出，不平衡力与转子质量、转速和弓状回旋半径有关，影响不平衡力的因素除此之外，还与线的曲折度（轴线与法兰的不垂直度），轴线与推力镜板的垂直度，推力轴承的水平，各导轴承的间隙、同心度以及不平行度等因素有关。

图 2.1 所示的水电机组转子力学简化模型包括了质量不平衡、转子的弓状回旋以及水电机组转子的质量 M、偏心重量 G、偏心质量 m、偏心距 e、弓状回旋半径 r_g 等。

由于有偏心质量 m 和偏心距 e 的存在，当机组转子转动时产生离心力、离心力矩或者两者都产生。

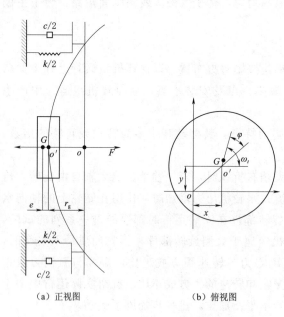

（a）正视图　　　　（b）俯视图

图 2.1　水电机组转子力学简化模型

x—机组安装水平正 x 方向；y—机组安装垂直正 y 方向；G—偏心重量，$G = mg$；k—弹性支撑阻尼系数；c—刚性支撑阻尼系数；φ—由于偏心重量 G 引起的偏心角度；ω_t—转子角速度与偏心重量共同作用引起的夹角；o—理论轴的中心；o'—实际轴的中心

离心力的大小与偏心质量 m、偏心距 e 及旋转速度有关，离心力 F 为

$$F = me\omega^2 \tag{2.6}$$

式中　m——偏心质量，kg；

　　　e——偏心距，mm。

从式（2.6）可以看出，离心力 F 是一个大小和方向作周期性变化的力，转子转动一周，则离心力方向变化一次。交变的力会引起振动，这就是转子不平衡引起振动的原因，而且不平衡引起的振动频率与转频一致。

由于转子对平衡质量的响应在 x、y 向的振动相位差为 90°，因此转子质量不平衡或偏心引起的振动特征是转子的轴心轨迹为圆。但是由于转轴可能存在不同方向上的刚度差别，尤其是支承刚度各向不同，转子对平衡质量的响应在 x、y 向振动的幅值也不相同，因而转子的轴心轨迹可能出现椭圆。水电机组转子属于刚性转子，运行转速低于临界转速，所以振动幅值随转速增加而增加。

此外，由于热胀冷缩的原因，对于轴这类圆断面的物体，当横断面上沿圆周的温度分布不均匀时，轴将因不均匀膨胀而发生弯曲。轴的弯曲不但加大了轴的弓状回旋半径，使离心力进一步增大，而且增加机组的机械不平衡和磁不平衡。发生这类情况，大多是因为轴发生偏磨。

2. 转子轴线不对中故障

转子轴线不对中指的是水轮机转子（主动轴）、发电机转子（从动轴）轴心线与轴承中心线的倾斜或偏移。引起轴线不对中的因素有很多，包括转子之间利用联轴器进行连接时存在安装误差、轴承中心线发生倾斜或偏移、转子的弯曲、转子与轴承的内隙以及承载后转子与轴承的变形等，均会造成转子轴线的对中不良，引起机组振动，甚至出现机械故障。

而且机组轴线不对中时，除其本身所产生的不平衡力外，还会引起转子旋转时的偏靠，增大弓状回旋半径，加大由弓状回旋引起的不平衡力。

轴线不对中通常表现为 3 类，如图 2.2 所示。

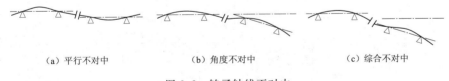

(a) 平行不对中　　　　(b) 角度不对中　　　　(c) 综合不对中

图 2.2　转子轴线不对中

（1）平行不对中。平行不对中即转子轴线径向平行移动，如图 2.3（a）所示。水轮机转子为主动轴，轴心投影为 A，发电机转子为从动轴，轴心投影为 B，联轴器轴心为 Q，如图 2.3（b）所示。AQ 为主动轴轴心和联轴器轴心的连线，BQ 为从动轴轴心和联轴器轴心的连线，AB 长为 D，取转角 θ 为自变量，则

$$\begin{cases} x = 0.5D\sin 2\theta \\ y = 0.5D\cos 2\theta \end{cases} \tag{2.7}$$

对自变量 θ 求导，得

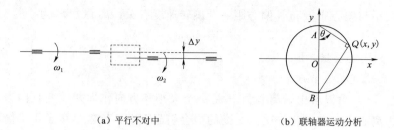

(a) 平行不对中　　　　　　　(b) 联轴器运动分析

图 2.3　转子平行不对中

$$\begin{cases} \mathrm{d}x = D\cos2\theta\mathrm{d}\theta \\ \mathrm{d}y = -D\sin2\theta\mathrm{d}\theta \end{cases} \tag{2.8}$$

Q 点速度为

$$V_Q = \sqrt{(\mathrm{d}x/\mathrm{d}t)^2 + (\mathrm{d}y/\mathrm{d}t)^2} = D\mathrm{d}\theta/\mathrm{d}t \tag{2.9}$$

由于转轴角速度为 $\omega = \mathrm{d}\theta/\mathrm{d}t$，$Q$ 点绕中心运动的角速度为

$$\omega_Q = \frac{V_Q}{0.5D} = 2\omega \tag{2.10}$$

式中　V_Q——Q 点速度，m/s；

　　　D——转子半径，m。

从式 (2.10) 可以看出，Q 点的转动速度为转子角速度的两倍，当转子转动时，会产生离心力，激励转子产生径向振动，产生振动的频率为二倍转频。此外，平行不对中产生的振动可能含有大量的谐波分量。

(2) 角度不对中。此时两转子轴心线相互交叉，或称角度位移，如图 2.2 (b) 所示，水轮机转子与发电机转子的角速度不同，设水轮机转子的角速度为 ω_1，发电机转子角速度为 ω_2，α 为角度偏斜角，θ 为水轮机转子的转角，如图 2.4 所示。发电机转子角速度为

$$\omega_2 = \omega_1\cos\alpha/(1 - \sin^2\alpha\cos^2\theta) \tag{2.11}$$

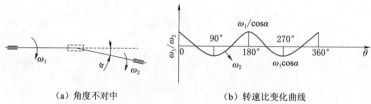

(a) 角度不对中　　　　　　　(b) 转速比变化曲线

图 2.4　水电机组转子角度不对中

从图 2.4 (b) 可以看出水轮机转子转动一周，发电机转子的转速周期性地变化两次，其变化范围为

$$\omega_1\cos\alpha \leqslant \omega_2 \leqslant \omega_1/\cos\alpha \tag{2.12}$$

角度不对中使联轴器附加一个弯矩，弯矩总是力图减小水轮机转子轴线和发电机转子轴线的偏角，转轴每旋转一周，弯矩作用方向变化一次，所以角度不对中的结果是转子的轴向力增加，使转子产生转频振动。

（3）综合不对中。综合不对中即是平行不对中与角度不对中综合作用，两转子轴心线相互交错位移。在实际中所遇到的轴线不对中，属于单一的平行不对中或偏角不对中的情况很少，通常是综合不对中，即转子轴线既有径向位移又有偏角位移，振动方向存在径向和横向两个方向。转子旋转时，就会有一个二倍转频的附加径向力作用于导轴承上，同时还有一个一倍转频附加轴向力作用于止推轴承上。

轴线不对中引起的振动表现出来的主要特征有以下几点：

1）振动信号的时域波形为畸变的正弦波。

2）轴线振频以转频为主。

3）径向振动的转频以一倍转频和二倍转频分量为主，轴线不对中越严重，二倍转频分量的比例越大。

4）振动对负荷变化比较敏感，一般振动幅值随负荷增加而增大。

3. 油膜涡动

水力发电机组轴承属于重载低转速动压轴承，在某一突然开始的转速下，轴承中就会产生油膜涡动。油膜涡动是指转子轴颈旋转的同时，还围绕轴颈某一平衡中心做公转运动。水电机组中油膜涡动的角速度接近转速的一半，也称为"半速涡动"，其产生的机理如下：

轴颈在轴承中作偏心旋转时，形成一个进口断面大于出口断面的油楔，如果进口处的油液流速并不马上下降，则轴颈从油楔间隙大的地方带入的油量大于从间隙小的地方带出的油量，由于液体的不可压缩性，多余的油将轴颈推向前进，形成了与转子旋转方向相同的涡动，涡动速度即为油楔本身的前进速度。

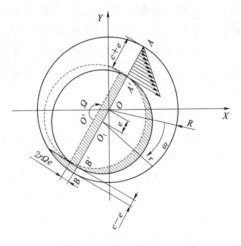

图 2.5 轴颈半速涡动

油膜涡动速度计算如下：

当转子旋转角速度为 ω 时，由于润滑油具有黏性，所以轴颈表面的油流速度与轴颈线速度相同，均为 $r\omega$，而轴瓦表面处的润滑油流速呈直线分布（图 2.5 中三角速度分布）。在油楔力的推动下转子发生涡动运动，涡动角速度为 Ω，假定 $\mathrm{d}t$ 时间内轴颈中心从 O_1 点涡动到 O' 点，轴以瞬时速度 Ωe 向上运动，在轴的下部形成的空隙的面积为 $2r\Omega e$，此面积为润滑油在 AA'、BB' 断面间隙中的流量差。假定轴承两端的泄油量为 $\mathrm{d}Q$，根据流体力学的连续条件可得

$$\frac{1}{2}r\omega(c+e)=\frac{1}{2}r\omega(c-e)+2r\Omega e+\mathrm{d}Q \tag{2.13}$$

解式可得

$$\Omega=\frac{1}{2}\omega-\frac{1}{2re}\mathrm{d}Q \tag{2.14}$$

当轴承两端泄油量 dQ 为 0 时，可得

$$\Omega = \frac{1}{2}\omega \qquad (2.15)$$

因为涡动速度等于转子工作转速的一半，所以这种油膜涡动称为半速涡动。但是实际中存在：在收敛处入口的油流速度由于受到不断增大的油压作用而逐渐减慢，而收敛区出口的油速在油楔压力作用下有所增大，两者的相互作用与轴颈旋转时所引起的直线速度分布相叠加，速度上分布的差别使轴颈涡动速度下降；轴承两端的润滑油泄油量 dQ 不为 0。这些因素造成油膜涡动频率通常略低于半倍转频，涡动频率约为

$$\Omega = (0.42 \sim 0.48)\omega \qquad (2.16)$$

随着工作转速的升高，油膜半速涡动频率也不断升高，频谱中半频谐波的振幅不断增大，使转子振动加剧。

4. 其他故障

（1）推力头松动。推力头松动是指推力头内孔和轴颈之间存在间隙，轴和推力头之间存在可以相对运动的现象。推力头松动时，机组振动和摆度表现为：①机组运行时的动态轴线的形状和方位在某一工况下会突变，在突变发生的临界工况下，机组的振动和摆度很不稳定；②水轮机轴的摆度较大，与其相应迷宫压力脉动较大。

（2）轴瓦间隙过大。轴瓦间隙的大小直接决定转子弓状回旋半径与轴摆度的大小。间隙增大后，转子的临界转速降低，这容易引起机组共振或机组自激振动。

引起轴瓦间隙增大的原因很多，主要有：径向不平衡力较大，导轴承出现过载；轴瓦支持件设计不合理，在不平衡力作用下，这些部件出现较大的弹性变形或永久变形。

2.4.2　电磁振动

水电机组的电磁振动可分为极频振动和转频振动。转频振动的频率为机组转频或机组转频的倍数，即

$$f_{转} = \frac{kn}{60} \quad k = 1, 2, 3, \cdots \qquad (2.17)$$

式中　$f_{转}$——转频振动的频率，Hz。

产生转频振动的主要原因有：

（1）转子与定子间隙不匀。

（2）转子外圆不圆。

（3）转子动不平衡或有匝间短路。

由电磁引起的极频振动其频率大致为 100Hz，这时信号频谱图上就会有明显的高频出现。产生极频振动的原因很多，目前认为主要是由以下原因引起的：

（1）定子不圆、机组合缝不好，这是引起机组磁振的主要原因。除振动外，还伴有较大的噪声。机组合缝不好引起的振动，在常温下最强，随着铁芯的温度升高，振动和噪声减小。造成定子铁芯组合缝松动的原因一般为机组经过长期运行后，定子铁芯各部件温度变化差异引起内应力的变化，这种变化引起了定子铁芯组合缝紧度产生不均匀变化，从而造成组合缝的垫片松动和损坏。

资源 2.9
定子分数槽
次谐波磁势

（2）定子分数槽次谐波磁势，其表现为振幅随负载电流增大而增大。

（3）定子并联支路内环流产生的磁势。由于水轮发电机组通常采用集中布置的并联方式，当支路集中时，转子的偏心将在支路内引起环流，产生一系列的不对称次谐波磁势，与分数槽次谐波类似，可以引起定子极频振动。

（4）负序电流引起的反转磁势，当定子三相绕组负载不对称时，绕组会产生负序电流，这又产生相序相反的磁场，与主磁场叠加产生一个空间次数为0的磁场，引起定子铁芯作驻波式的振动。

（5）当定子绕组三相不平衡时，也会引起极频振动。

（6）硅钢片压合不紧，波浪度较大会引起较强的噪声，局部地方会产生较大的振动。

此外，发电机转动部分还会因受不平衡力的作用产生振动，这些不平衡力主要来自：周期性的磁拉力分量；转子和定子间存在不均匀的空气间隙引起的作用力；转子线圈短路引起的力；发电机在不对称工况下运行时产生的力。

2.4.3 水力振动

在水电机组的振动中，水力振动的机理最为复杂，而其对机组振动起着至关重要的影响。

水流对水电机组过流部件所产生的扰动力作用在各部件上，使其产生交变的机械应力及振动，并有可能产生电机功率摆动。当激振频率与机组固定频率相同或相近时，就产生共振，这有可能会使整个机组振动过大而发生重大事故。

机组的水力振动主要有两个方面：①过流部件中流场速度分布不均匀产生压力脉动，这个压力脉动是零部件的激振源；②水流绕流后，脱流漩涡所诱发的压力脉动。

由于水流特性不易掌握，水力振动的机理十分复杂，许多现象目前不能用理论系统地解释和计算，只能依靠试验来认识和解释振动现象。试验有真机试验和模型试验，模型机组振动和真机振动之间的关系也很复杂，所以模型振动试验只能部分反映真机的情况，要研究真机的振动现象必须进行现场试验。

1. 尾水管内水流引起的低频振动

低频涡带是混流式机组以及轴流定桨式机组普遍存在的振动源。由于各种原因，如进口速度不均，叶片正面的脱流等随机因素，使得流道内的涡环呈轴向不对称分布，这样形成了螺旋形漩涡。螺旋形涡带（涡核）在尾水管中旋转的频率称为压力脉动的频率。此脉动频率经实验证实在尾水管处都一样，而且与涡带频率对应的单位时间里水流绕圆管旋转的次数（旋转频率）相关。

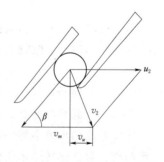

图 2.6 涡带频率计算示意图

根据图 2.6，混流式水轮机的涡带频率为

$$f_1 = k \left(\frac{2r_a}{D_2} \right)^2 \frac{n}{60} - \frac{2r_a}{\pi D_2^2} \text{ctg}\beta v_m \tag{2.18}$$

式中　f_1——涡带频率，Hz；

　　r_a、β——中央流线出口处半径和安放角；

D_2——下环出口处半径，m；

v_m——绝对速度的轴面分量，即径向分量 v_r 和轴向分量 v_z 的矢量和，m/s；

n——水轮机转速，r/min；

k——理论公式的修正系数。

通常水轮机尾水管内振动频率与转速的关系表示为

$$f = \frac{n}{60}\mu_s \qquad (2.19)$$

式中　f——水轮机尾水管内振动频率，Hz；

μ_s——计算系数。

对于低负荷下混流式水轮机尾水管内的低频压力脉动频率，μ_s 可近似为

（1）雷甘斯的经验公式 $\mu_s = \dfrac{1}{3.6}$。

（2）细井丰实验公式 $\mu_s = \dfrac{1}{3}$。

从式（2.18）和式（2.19）可知，涡带频率与转速及转轮的几何尺寸有关。对于不同型号和容量的机组，其涡带频率都不一样。

由于涡带的波动周期长、波幅大，而且与水轮机旋转部件接触面积大，易引起机组轴系振动。

尾水管中的脉动压力，除上述的低频涡带外，还有中频和高频脉动压力。中频脉动压力频率接近机组的转频，其易引起机组振动和压力管道振动。

多数试验表明，在强制涡核中心的压力高于汽化压力且无空腔空化时，尾水管中的压力脉动幅值和吸出高度 H_s 基本无关。当 H_s 增大到强制涡核开始出现空腔空蚀时，压力脉动开始急剧增加，使压力脉动幅值达到最大值。当 H_s 再增大时，压力脉动幅值反而减小，这是因为强制涡核内溶解空气和游离空气增多到一定程度时起了稳定和阻尼作用。

2. 叶片与导叶振动

由于进水不均匀，造成漩涡进入蜗壳，这些分散的小漩涡可能汇集成较大涡带进入转轮而引起振动。振频为

$$f_{\text{叶}} = Z_{\text{叶}} f_0 \qquad (2.20)$$

式中　f_0——转频，Hz；

$Z_{\text{叶}}$——转轮叶片数。

导叶造成的水流不均匀，会引起导叶出水边处边界层脱流，形成涡带，进入转轮引起振动。对低比转速水轮机，因水轮机转轮十分靠近导叶出水边，故影响较大；对于高比转速水轮机，因导叶出水边距转轮进水边距离大，故影响较小。其振动频率为

$$f_{\text{导}} = Z_{\text{导}} f_0 \qquad (2.21)$$

式中　$Z_{\text{导}}$——导叶叶片数。

由式（2.20）和式（2.21）可知叶片的频率和导叶的频率均为转频的倍数。

而对于轴流式水轮机，其叶片振动主要是由环量沿导叶高度分布不均时产生的涡

带引起的。叶片出口的卡门涡列也是引起水轮机叶片和导叶振动的振源之一。卡门涡的脉动频率为

$$f_{卡} = C \frac{W_2}{D} \qquad (2.22)$$

式中　W_2——叶片出口边缘的相对流速，m/s；

　　　D——叶片出口边缘的厚度，m；

　　　C——与雷诺数 Re 有关的系数，一般为 $0.18\sim0.22$。

3. 迷宫止漏装置中的压力脉动

水轮机的迷宫式密封装置的作用是减小水轮机的漏水损失，其利用水流在迷宫内流动时流动阻力增加的原理来进行止漏。流动阻力的大小取决于迷宫的形式和结构尺寸。对于中、高水头的混流式水轮机，其迷宫式止漏装置间隙较小，装置前后易形成较大的压力差，所以当机组发生周期性偏心运动时，容易在间隙中造成较大的压力脉动。压力脉动的大小与迷宫进出口的压力差、阻力系数、迷宫间隙等因素有关。它的压力脉动频率一般为转频，它所引起的径向不平衡力还与迷宫的轴向长度有关。

机组主轴安装时可能出现转轮与转轮室不在同一轴线上或迷宫止漏的零部件加工安装不精确的情况，尤其是转轮质量不均匀造成的动静不平衡等，均会使机组运行中迷宫间隙不均匀。此外，由于轴承间隙不当或机组刚度差，可能产生上下迷宫梳齿间隙偏斜。出现不均匀间隙后，在小间隙一侧产生侧向推力，造成机组大轴或轴承体的振动，当振动的频率与机组或轴系零部件固有频率重合或相近时，产生共振引起整个机组的自激振动。

迷宫环引起的自激振动有多种情况，迷宫环止水结构的各个环节都可以引起自激振动，每个环节引起的振动都不一样，不同的环节引起的自激振动往往表现出不同的形态。自激振动形态包括：转动部分的弓状回旋、转动部分的轴向振动、支持部分的轴向振动、顶盖以及转轮的回旋振动等。

发生自激弓状回旋的条件：①转动部分要有一个初始变化或摆度，摆度越大，越容易发生自激振动；②存在一个正反馈的环节，改变导轴瓦间隙或配重等都可以减小反馈。

4. 机组的小负荷振动

在进行真机现场试验时，发现许多机组存在一个小负荷振动区，如刘家峡、隔河岩、天生桥以及丹江机组在导叶开度 25% 时，存在一个范围较窄的振动区。水电机组的小负荷水力振动的机理目前不清楚，但是关于它的产生存在两种说法：一种说法是顶盖与尾水管间的水力谐振，即在正常情况下，水流经导叶后，大部分的水流通过转轮流向尾水管，但是有极少量的水流通过转轮的上下迷宫漏向尾水管，而这部分水流在一定条件下，会引起顶盖与尾水管间的水力谐振；另一种说法是这种小负荷振动其实就是尾水管涡带引起的。

机组的小负荷振动具有很明显的特点，其振动频率比转频略高，大约为转频的 1.1 倍，振动发生时的负荷也低于涡带振动的负荷。机组在低负荷时的水力振动对水头和负荷较敏感，且振动各幅值最大值不在同一工况。

资源 2.11
机组的小
负荷振动

5. 其他类型的水力振动

（1）蜗壳、导叶引水不均引起的振动。蜗壳中的不均匀流场以及导叶后的不均匀流场都会引起机组振动。蜗壳引水不均引起压力脉动主要发生在蜗壳的鼻端，由于水流在蜗壳里不是理想流，存在摩擦，因此由鼻端处的隔板隔开的两股水流具有不同的能量，即这两股水流的压力和流速不同，这两股水流在鼻端后相遇就会发生扰动，扰动水流通过导叶流道与转轮相碰撞就会产生压力脉动。蜗壳不均匀流引起的振动，其频率与转频和转轮叶片数相关。

导叶后的不均匀流场的产生原因主要是：由于导叶加工及安装上的误差，各个叶片和各个流道的形状和尺寸存在差异，这些差别会使水流产生扰动，扰动水流进入转轮区就会与转轮发生撞击，引起水轮机的振动和压力脉动，其脉动频率 f_d 与导叶数 $Z_导$、转轮叶片数 $Z_叶$ 及转频 f_0 有关：

$$f_d = f_0 Z_导 Z_叶 \tag{2.23}$$

（2）叶片进口边附近的脱流引起的振动。非设计工况下，转轮叶片的进口边将会发生脱流，这种脱流形成的压力脉动一般是随机的，大多引起无规律的噪声，这种脉动频率一般与叶片数有关。

（3）引水压力管道的振动。当有水压波传到水电机组引水压力钢管中，可能会引起引水钢管的振动，尤其是当水压波的频率接近或等于压力钢管的固有频率时，则会产生共振，使压力钢管产生强烈振动。

（4）颤振。定常流动中叶片从水流获得能量而发生振动的现象称之为颤振，这时叶片因流体作用而产生弯曲。颤振的频率一般为叶片的固有频率。

机组的振动往往是以上多种原因引起的，但有可能是某一种起主要作用，这可通过分析采集的机组振动信号得出。

第 3 章　水力机组故障诊断原理与方法

水力机组的故障复杂多样，其产生的原因与所观察到的表象往往不能一一对应，在诊断过程中很难做到"对症下药"。为有效地对水力机组进行故障诊断，明确水力机组故障诊断的原理十分必要，以此针对故障寻找合适的解决方案。本章主要介绍了故障诊断的原理、分类及方法等。

3.1　故障诊断概述

3.1.1　故障诊断原理

故障诊断是根据在线监测所获得的信息结合机组已知的结构特性、参数、环境条件、历史记录，对机组将要发生或已经发生的故障进行预报、分析与判断，确定故障的性质、类别、程度、原因及部位，指出故障发生和发展的趋势及其后果，提出控制故障继续发展和消除故障的调整、维修、治理措施，并加以实施，最终使机组恢复到正常状态。

故障诊断的重要任务是查找故障原因，包括系统层次间的纵向成因、子系统间的横向成因、间接成因和外部成因。其中，水力机组的故障诊断同其他设备的故障诊断不同，表现为故障的多源性、传播性及非线性。

水力机组上不同部位、不同类型的故障，会引起机组功能上不同的变化，导致机组整体及各部位状态和运行参数的不同变化。水力机组故障诊断系统的任务，就是当机组某一部位出现某种故障时，要从状态及其参数的变化推断出导致这些变化的故障及其所在部位。由于故障诊断系统从在线监测系统获得的状态监测量的数据十分庞大，因此系统必须先在原始数据中找出反映机组故障的特征信息，即提取机组特征量，才能有效地对故障进行诊断。

水电机组的故障诊断模型如图 3.1 所示，图中 $H(f)/h(t)$ 是机组时域或频域的传递函数。机组故障诊断中，系统的输出状态向量是机组异常或故障信息的重要载体。在机组诊断中，要综合考虑工作介质、环境、系统特征以及系统行为状态。对于图 3.1 的机组诊断模型来说，其关键和核心部分就是"综合诊断"。

水力机组故障诊断系统的内容包括状态检测、故障诊断、趋势预测。其过程可分为：

（1）信号输入。水力机组的故障诊断系统是水力机组在线监测系统的上位系统，诊断的发生，需要从下层系统获得表征机组运行状态的特征参数，即获取机组故障征兆，如机组的振动和摆度。

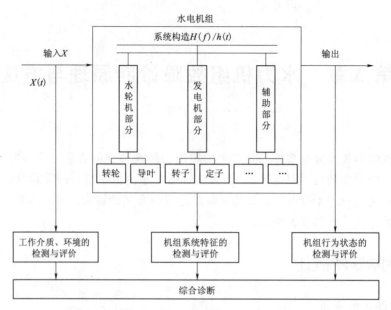

图 3.1　水电机组故障诊断模型

（2）信号处理。由监测系统输入的信号，必须经过一系列的处理。对输入信号进行分类、去噪、滤波，然后提取特征征兆。水力机组在运行过程中产生大量的噪声，同时定转子的强大电流在水力机组周围形成很强的电磁场等，这些都对在线监测系统的数据采集有影响。对故障诊断有用的信息可能隐藏在被噪声严重污染的原始信号中，要使诊断结果有效，必须对原始信号进行处理。

（3）状态识别。将经过信号处理后获得的机组特征参数与规定的允许参数或判别参数进行对比以确定机组是否存在故障，若存在故障，则要判断故障的类型和性质等。这需要制定相应的判别准则和诊断策略。

资源 3.1
水轮发电机组智能诊断与故障预测系统

（4）诊断决策。经过状态识别，判断出机组的状态，然后根据一定的规则，给出应采取的对策和措施，同时根据机组当前的状态信号去预测机组状态可能的发展趋势。

3.1.2　故障诊断分类

水力机组的故障诊断技术的分类很多，其中主要有以下几种。

1. 按照诊断环境分类

在线诊断一般是指对现场正在运行的水力机组进行自动实时诊断，这类诊断一般用于大中型机组。

离线诊断是指通过磁带记录仪或其他存储记忆设备将现场的状态信号记录下来，结合机组状态的历史档案资料，做离线分析诊断。

2. 按照所利用的状态信号的物理特征分类

振动诊断法（振动诊断技术），以平衡振动、瞬态振动及模态参数为检测目标，进行特征分析、谱分析和时频分析等。

声学诊断法，以噪声、声阻、超声为检测目标，进行声级、声强、声谱分析。

温度诊断法，以温度、温差、温度场、热像为检测目标，进行温变量、温度场的识别与分析。对于轴承诊断，采用温度诊断法。

压力检测诊断法，以机组系统中的气体、流体的压力作为信息源，在机组运行过程中，通过压力参数的变化特征判别机组的运行状态。

噪声检测诊断法，以机组运行中的噪声作为信息源，在机组运行过程中，通过噪声参数的变化特征判别机组的运行状态。这种方法易受环境噪声的影响，诊断可靠性不高。

表面形貌诊断法，这种诊断方法以裂纹、变形、斑点、凹坑、色泽等为检测目标，进行裂纹破损、空蚀磨损的现象分析。

3. 按照诊断目的分类

功能诊断是针对新安装或刚修复后的机组或部件，诊断机组的性能是否正常，按诊断的结果进行调整修复。

运行诊断是针对正在运行中的机组或部件，进行运行状态的监视，对故障的发生、发展进行早期诊断。

4. 按照诊断的要求分类

定期诊断是指每隔一定时间对水力机组进行检查和诊断，这种诊断方式是计划检修的内容。

连续诊断就是对机组运行状态进行连续监测、分析和诊断。

5. 按照诊断的途径分类

直接诊断是根据水力机组的关键部件的信息直接确定其状态，如轴承间隙、叶片裂纹、大轴不同心等。直接诊断受到机组结构和工作条件的限制而无法实现。

间接诊断是通过二次诊断信息来间接判断机组中关键部件的状态变化，如水导摆度、振动等。

6. 按照诊断方法原理分类

频域诊断法，应用频谱分析技术，根据机组信号频谱特征的变化，判别机组的运行状态和发生故障的形成原因。目前，大多采用这类诊断方法。

时域诊断法，应用时间序列模型及其有关的特性函数，判别水力机组工况状态的变化。

统计分析法，应用概率统计模型及其相关的数学模型和特征函数，对机组的运行状态进行监视和故障诊断。

模式识别法，利用检测信号，提取对机组运行工况状态反应灵敏的特征参数向量以构成机组模式矢量，然后利用适合的分类，判别机组运行状态。

分形诊断法，从水力机组的行为出发，研究水力机组这一复杂的机械系统的分形参数对不同故障的敏感性，建立系统层次上的分形诊断法。

信息理论分析法，利用信息理论建立的某些特性函数在机组运行中的变化，对机组运行状态进行判别和故障诊断。

人工智能诊断，应用目前的人工智能技术，对机组运行状态进行识别和故障诊断。

以上只是给出了水力机组故障诊断的一般分类方法，除此之外，还可以有其他分类方法。

3.2　故障信息与特征参量及提取

上一节，我们给出了水力机组故障以及故障诊断的概念和分类，并简述了机组故障诊断的几个实施步骤。其中，信号检测和特征提取是诊断中的两个重要的环节。

机组在运行中，系统参数偏离了正常值就可能出现故障，表征它的特征参数也会变化。只要故障存在，这种故障信息就会通过特征参数表现出来。因此，以特征参数的变化量作为出现故障的量度，就可以对机组状态进行诊断。

3.2.1　故障信息

故障源发出的信息是通过系统的特征和状态来传递的。信息源发出的如果仅是一种确定状态量，表征它的特征就不会携带任何有用的信息。换言之，也就是故障信息蕴含着某种不确定性。这种不确定性与故障信息源所包含的随机事件的可能状态数及每种状态出现的概率有关[9]。

设机组的运行状态集合为 $X(x_1, x_2, \cdots, x_n)$，每种状态对应的出现概率为 $P(x_i)$，则故障信息源的概率空间为 $P(X)$，且有 $\sum P(x_i)=1$。

对于状态概率和故障信息源的不确定性一般表现为以下几点：

（1）离散故障信息源的概率空间为等概率分布时，这种信息的不确定性为最大。

（2）信息的不确定性与故障信息源概率空间的状态数及其概率分布有一定的相关性。

（3）当故障信息源的概率空间等概率分布时，信息的不确定性与可能的状态数有关，当机组运行的状态数越多，相应的概率越小，机组的不确定性越大。

对于信息源的不确定性，哈特莱研究确定了用信息源概率的倒数来度量。

$$H(P)=k\log_2(1/P) \tag{3.1}$$

式中　$H(P)$——信息源概率的哈塔莱度量；

　　　　k——常数；

　　　　P——信息源的概率分布。

以信息量作为信息多少的度量，将信息量定义为：不确定的减少量。换言之，系统的信息量就是系统前后接收的信息不确定性程度的减少量。这是因为收到信息前后的概率空间的改变。

收到信息前的概率为先验概率 $P(y)$，收到信息后的概率为后验概率。以 x 表示收到的信息量，不确定性为

$$H(y/x)=H[P(y/x)] \tag{3.2}$$

式（3.2）中 $P(y/x)$ 表示后验概率，于是信息量 I 根据定义为

$$I=H(y)-H(y/x)=H[P(x)]-H[P(y/x)] \tag{3.3a}$$

$$I=\log_2[P(y/x)/P(y)] \tag{3.3b}$$

故障信息通常来源于两个方面：①故障模式类别属性构成的信息源，它是系统的

可能故障和这些故障类别的出现概率所构成的，称为故障模式信息；②故障样本特征属性构成的信息源，称为故障特征信息源，由故障特征和故障特征的概率分布函数所构成的[10]。

设 $E=\{\Omega,P\}$ 是故障模式概率空间，其中 Ω 是故障模式类别集合 $\Omega_i(i=1,2,\cdots,m)$，m 是故障类别数。各故障的先验概率为 $P(\Omega_i)$，满足：

$$\sum_{i=1}^{m}P(\Omega_i)=1 \tag{3.4a}$$

设 $F=\{X,P(X)\}$ 为样本概率空间，$P(X)$ 是定义在 F 下的样本特征概率密度函数，满足：

$$\int_{R^2}P(X)\mathrm{d}x=1 \tag{3.4b}$$

水力机组是一个比较复杂的系统，可以分成很多子系统或许多亚层系统。故障信息源可以是多个子系统子故障源的组合，也可以是多个亚层系统亚故障源的组合。不同子系统的故障源对外表现为一个整体，因此，故障总是从某个子系统传递出来的。也就是说，当机组中的某个子系统出现故障时，即使系统的输入正常，但是系统的输出必然异常，产生异常征兆。

异常信息总是以两种形式向外传递，即层内传递和层间传递。层内传递是指异常信息作为同一层次的其他相连系统的输入，而引起相连系统的输出异常以至故障；层间传递是指低层的子系统出现故障后，其异常的输出征兆输入到上层系统，引起上层系统的输出异常或出现故障。通常，机组的故障信息的传递是这两种方式相互作用的结果。

故障信息传输定理：故障信息在传播过程中，通过某一层的子系统前的信息量总要大于通过子系统后的信息量[11]。

3.2.2　故障特征参量

对于某一确定故障类型，应该关注的是：这类故障是通过哪种物理量表现出来的，与其他量之间有什么样的关系。当机组运行状态发生变化时，相应机组各参数之间的关系也在变化。但是最主要的是当这些参数随着运行状态的改变而改变时，表征某一故障类型的物理量是否也在改变。对于表征机组的各参数，应从中选出灵敏度高的物理量作为某类型故障的特征。因此，有如下的定义：能对机组的运行状态进行定量描述的因素称为机组故障诊断中的特征参数，简称特征。在进行机组状态监测与故障诊断时，首先必须确定适合的特征参数，用于定量地表征机组运行状态的变化。选择适合的特征是诊断成败的关键。

故障诊断的前提就是有一定数量的故障特征能反映故障信息。当故障特征信号为静态信号时，特征信号就是征兆。当故障特征信号为动态信号时，先根据情况选择能反映系统功能指标，又便于测取的特征信号组，然后通过对特征信号分析提取便于决策的征兆。

水力机组的故障类型很多，对于某一确定的故障类型，可能有一种征兆，也可能有多种征兆，同时每种征兆可能对应着一个或多个原因。它们之间的关系式为

$$F = f(a_1, a_2, \cdots, a_n) \tag{3.5}$$

式中　　　　　　F——故障类型；

a_1，a_2，$\cdots$，a_n——故障征兆或故障原因。

故障诊断就是确定 F 与 a_1，a_2，$\cdots$，a_n 之间的对应关系 f。已知故障 F 的发生来寻找故障发生的原因，或者通过检测故障征兆 a_1，a_2，$\cdots$，a_n 推断确定故障 F。

特征参数分类：

按测量对象分为加速度、速度、温度、位移、压力、应力、电流、电压、功率、效率等。

按特征抽取方法分为幅域参数（峰值、有效值、裕度、脉冲指标等），时域参数（时序模型参数、特征根、倒谱参数、相关分析参数等），频域参数。

对于水力机组而言，某种故障类型发生所能引起变化的物理参数很多，但是可用作故障特征的参量有限。实践证明，选取故障特征参量可遵循以下原则：

1. 高灵敏性

水力机组系统状态的微弱变化可引起故障特征参量的较大变化。用指标灵敏度来度量特征参数对机组运行状态变化的敏感程度。

设特征参数 $X(n)$ 对机组运行状态 Y 的灵敏度为 $\varepsilon(Y|X)$：

$$\varepsilon(Y|X) = \frac{\partial Y}{\partial X} \tag{3.6}$$

式中　$\dfrac{\partial Y}{\partial X}$——特征参数 X 的变化引起状态参数 Y 的改变量的大小。

实际运用中，为了避免灵敏度的变化方向影响特征参数的评价，在机组故障诊断中对灵敏度取绝对值。

$$\varepsilon(Y|X) = \left| \frac{\partial Y}{\partial X} \right| \tag{3.7}$$

通常机组状态参数和特征参数之间存在单调性，随着故障程度的增加，特征参数也呈上升趋势。

2. 高可靠性

故障特征参量是依赖于机组系统的状态变化而变化的，表征这一指标的是特征参数的稳定性。稳定性的定义是指特征参数受测试条件（采样频率、采样时长、采样起始位置、测试仪器的灵敏度等）和机组工作条件（负荷、转速等）影响的大小。

特征参数 X 的稳定度：

$$\kappa = \frac{\partial C(c_1, c_2, \cdots, c_m)}{\partial X} \tag{3.8}$$

式中　$\partial C(c_1, c_2, \cdots, c_m)$——各种条件的变化。

对于机组故障诊断系统，特征参数的稳定性越高越好。

3. 具有可实现性

机组故障诊断系统必须具有可实现性，因此选择的故障特征参量也必须具有可实现性。

故障特征参量的可实现性是一个有一定内涵的定义。首先，可实现性是指该特征参量可以有相应的仪器将之检测出来；其次，可实现性是指该特征参量在故障诊断计算中可以被实现。

对于监测与诊断系统，系统的性价比是一个比较重要的问题，选择适当的特征参量，减小测试量和计算量有助于降低监测与诊断的费用。

因此，故障特征的选择就是在已有的 N 个特征参数中依据以上的原则挑选出 m 个特征参数，组成某种函数准则下最优特征子集。该特征子集既保留了原特征集的物理意义，又减小了特征参数之间相关性的大小。

由于水力机组故障诊断中所采用的特征参数较多，因此，很有必要对机组的特征参数进行特征选取，减少特征参数的测量、信号采集传输通道数量以及信息存储空间和信息处理时间。

规则 3.1　将特征参数 X 和模式分类结果 y 组成的样本集作为 BP（back propagation）网络的学习样本，对网络进行训练，设 W_{iq} 和 W_{kq} 分别为与特征参数 X_i，X_q 对应输入单元与隐层单元 q 之间的连接权系数：

$$|W_{\varepsilon i}| = |W_{i1}| + |W_{i2}| + \cdots + |W_{iq}|$$
$$|W_{\varepsilon k}| = |W_{k1}| + |W_{k2}| + \cdots + |W_{kq}| \tag{3.9}$$

如果下式成立：

$$|W_{\varepsilon i}| > |W_{\varepsilon q}| \tag{3.10a}$$

则特征参数 X_i 的灵敏度比 X_q 的灵敏度大，即

$$\varepsilon_i > \varepsilon_k \tag{3.10b}$$

也就是说明特征参数 X_i 的分类能力比特征参数 X_q 的分类能力大。

特征参数的选择涉及所有可能的特征集，于是这个问题转化为搜索最优组合问题。但是最优解的搜索计算量太大，通常无法进行穷举搜索，所以工程应用中，常用的方法有前向贯算法、后向贯算法、分支界限算法等。

所谓的前向贯算法是指由底向上进行搜索处理过程的一种算法，先从空集开始，挑选一个最优特征值作为第一个，随后每一个步骤的下一个特征从剩下的特征中选取，挑选出来的特征一起获得准则函数的最佳值。

相对而言，后向贯算法是从顶向下的一个处理过程。从已有特征集中先删去一个特征值，每一步删去的特征值是使得准则函数值降低到最小的特征值。

分支界限法是一种树搜索方法。它的搜索方案是沿着树自上而下，从右向左进行，由于树的每一个节点代表一种特征组合，于是所有可能的组合都考虑在内。因为利用了可分性判据的单调性采用了分支定界策略，使得在实际中并不计算某些特征组合而又不影响全局寻优，同时因为搜索从结构简单的部分开始，所以这种特征选择算法效率最高，而这种方法称为分支定界法。

3.2.3　故障特征提取

随着机组运行安全性要求的日益提高，对故障诊断的要求也日益增加。机组结构日趋复杂，故障类别越来越多，反映故障的征兆也相应增加。在机组故障诊断过程中，为了提高诊断的准确度，总是要求采集尽可能多的样本，以获得足够的故障信息。同时，样本数的增加又带来另一个问题，即大量样本占用大量存储空间和计算时

间，而目前的计算技术和硬件存储的能力是有限的。如果采用神经网络选取特征信息，过多的特征输入也会导致样本训练过程中耗时费工，甚至会影响训练网络的收敛，影响分类精度。综上而述，从大量的采集样本中提取对故障诊断有用的信息是十分必要的，而这一过程则称为故障的特征提取。

水力机组总是运行在噪声、电磁干扰等环境中，故障信息总是混杂在大量干扰信号中，于是怎样在大量原始采集信号中提取适合机组故障诊断系统的信息就是水力机组故障诊断系统的特征提取。

机组原始信息为 n 维向量 $\boldsymbol{X}(n)=[x_1, x_2, \cdots, x_n]^{\mathrm{T}}$，经过降维为向量 $\boldsymbol{Y}(m)=[y_1, y_2, \cdots, y_m]^{\mathrm{T}}$，$m \leqslant n$，向量 $\boldsymbol{Y}$ 含有向量 $\boldsymbol{X}$ 的主要特性，向量 $\boldsymbol{X}$ 降维为向量 $\boldsymbol{Y}$ 叫做特征提取。

特征提取的方法有很多，常用的有主元特征提取法，神经网络提取法，模糊优化处理的特征提取法，小波分析的特征提取法，最小误判概率的特征提取法，离散 K-L 变换的特征提取法等。

1. 小波分析的特征提取方法

小波分析是为了弥补傅里叶变换的不足而发展起来的，是一种全新的数学工具。在信号处理上，小波将信号分解在不同尺度上，分解后的信号是在时间-尺度的相平面上。由于小波变换后的结果是在尺度和时间平面上，尺度和时移参数对信号的突变有自适应性，高频处时间窗长，而低频处时间窗短。实际中高频常表现为信号突变处的频率，它含有故障的大部分信息，所以小波变换可应用在对故障特征的提取上。

水力机组的故障诊断系统是一个复杂的系统，其含有多个子系统，并具有多层次性。水力机组的运动特性十分复杂，所以表现出的故障也很复杂，应用小波分析可很好地提出故障信号中的特征参数。

水力机组的故障中，发生频率最高，影响最大的故障是振动故障。因此，振动故障的诊断就成为机组故障诊断系统中最重要的部分。水力机组的振动类型多，振源多，振动机理复杂，振动具有渐变性和不规则性。影响机组振动的因素主要有机械、水力及电磁因素。机械因素有转动部件不平衡、固定部件与转动部件的碰磨、导轴承间隙过大、推力轴承调整不良等。水力因素有卡门涡引起的中高频压力脉动、叶片进口水流冲角过大引起的中高频压力脉动、尾水管内的漩涡流引起的压力脉动等。对于机组表现出来的振动，有可能是上述某一原因引起的，也有可能是两种或两种以上原因耦合引起的。因此，采集系统原始信号的提取对于后续诊断就显得很重要。

设向量 $\boldsymbol{a}=[a_1, a_2, a_3, \cdots, a_{n-1}, a_n]$ 代表机组的原始几何参数，如转轮直径、导叶数等。设矩阵 $\boldsymbol{B}=[\boldsymbol{b}_1, \boldsymbol{b}_2, \boldsymbol{b}_3, \cdots, \boldsymbol{b}_{m-1}, \boldsymbol{b}_m]$ 表示引起机组振动的主要源及其频率，$\boldsymbol{b}_1, \boldsymbol{b}_2, \boldsymbol{b}_3, \cdots, \boldsymbol{b}_{m-1}, \boldsymbol{b}_m$ 是二维向量。对于水力机组可写出矩阵 $\boldsymbol{B}$ 的基本表达式。

$$\boldsymbol{B}=\begin{bmatrix} b_{1,1} & b_{1,2} & b_{1,3} & b_{1,4} & b_{1,5} & b_{1,6} & b_{1,7} & b_{1,8} & b_{1,9} & b_{1,10} & b_{1,11} & b_{1,12} & b_{1,13} \\ b_{2,1} & b_{2,2} & b_{2,3} & b_{2,4} & \cdots & b_{2,13} \end{bmatrix}$$

矩阵中的元素 $b_{1,1}$、$b_{1,2}$、$\cdots$ 以及 $b_{2,1}$、$b_{2,2}$、$\cdots$ 其代表内容见表 3.1，表中 f_0 是机组转频。

$$f_0 = \frac{n}{60} \tag{3.11}$$

f_w 表示的是低频涡带频率，涡带频率与转速以及转轮的几何尺寸有关。对于不同型号和容量的机组，其涡带频率都不一样，它的一般计算公式为

$$f = \frac{n}{60} \mu_s \tag{3.12}$$

式中 μ_s——计算系数，可以由机组参数计算出来。

表 3.1　　　　　　　　　　引起机组振动的主要源及其频率

主要源	大轴有折线	质量不平衡	不同心	摩擦	转定子间隙不匀	转子不圆	定子不圆	转子动不平衡	低频涡带	叶片	卡门涡	导叶
频率	nf_0	nf_0	nf_0	nf_0	nf_0	nf_0	100Hz	nf_0	f_w	f_y	f_k	f_d

表中 $f_y = Z_叶 f_0$，$Z_叶$ 是叶片数。

设向量 $\boldsymbol{\beta} = [x_1, x_2, \cdots, x_k]$ 为机组监测系统数据库的数据，即采集系统采集的机组振动信号。机组振动的一般监测点有顶盖、水导、上导、上机架、下机架、定子铁芯、推力轴承支承架、大轴法兰连接处，对于不同的机组监测系统除了上述点之外可能还有其他监测点。从不同监测点采集的信号作为向量 $\boldsymbol{\beta}$ 的元素值，向量 $\boldsymbol{\beta}$ 表示了机组振动的原始信息。设采集频率为 ω_0，采样长度为 2^N，最高频率为 $\omega_{max} = \omega_0/2$，序号为 i 的小波包分解对应的频带为 $[i\omega_{max}/2^N, (i+1)\omega_{max}/2^N]$。应用小波包对向量 $\boldsymbol{\beta}$ 进行分解，也就是分别对向量元素 $x_1, x_2, \cdots, x_k$ 进行分解。x_i 代表第 i 通道振动采集信号，该信号受现场的各种干扰，含有大量的噪声。对 x_i 分解后，x_i 信号就分解到不同频段，每一频段对应着不同的特征频率。噪声信号一般为高频，而且在高频段分布比较均匀，因此对高频段小波包变换系数进行阈值处理可以有效地去噪。

小波包对信号的分解以 2 的级数分解，对向量 $\boldsymbol{\beta}$ 进行 J 层分解，则向量 $\boldsymbol{\beta}$ 的每一元素对应着 $2^J \times 2^{M-J}$ 的小波包分解系数矩阵。引入矩阵 $\boldsymbol{B}$ 的行向量 $\boldsymbol{b}_{2,m}$，并且设 $\boldsymbol{\gamma}(\boldsymbol{b}_{2,m})$ 为机组振动的诊断特征向量。对于行向量 $\boldsymbol{b}_{2,m}$ 的值，对应着信号分解系数矩阵的某一子矩阵。如：矩阵 $\boldsymbol{B}$ 中 $\boldsymbol{b}_{2,7} = 100\text{Hz}$，对应着信号 x_i 分解系数矩阵的某一子矩阵，在频域图上表示为中心频率为 100Hz 的频段。做记号 $\boldsymbol{D}$ 为信号 x_i 的分解系数矩阵，$\boldsymbol{D}_{i,m}$ 为特征频率 $\boldsymbol{b}_{2,m}$ 对应的信号 x_i 的系数矩阵的子矩阵，$R(\boldsymbol{D})$ 表示对系数矩阵重构，S_i 表示信号 x_i 的重构信号。诊断特征向量 $\boldsymbol{\gamma}(\boldsymbol{b}_{2,m})$ 就可表示为

$$\boldsymbol{\gamma}(\boldsymbol{b}_{2,m}) = \sum_{j=1}^{N} \boldsymbol{D}_{i,m}[j] \tag{3.13a}$$

式中 N——信号 x_i 的长度；

$\boldsymbol{D}_{i,m}[j]$——系数矩阵 $\boldsymbol{D}_{i,m}$ 的第 j 个元素，即信号 x_i 在特定频带的第 j 个分解系数。

对于对应着特征频率的振源，即矩阵 $\boldsymbol{B}$ 的行向量 $\boldsymbol{b}_{1,m}$ 的特征信号可以表示为

$$P(\boldsymbol{b}_{1,m}) = \sum R(\boldsymbol{D}_{i,m}) = \sum S_{i,m} \tag{3.13b}$$

经过上述特征提取之后，对应的诊断特征向量 $\boldsymbol{\gamma}(\boldsymbol{b}_{2,m})$ 就可以表征机组振动的真实情况。这一诊断向量可以被后续的诊断系统获取，进行故障识别。利用小波包进行

故障诊断过程可以表示为

信号采集→小波包分解→特征提取→故障识别。

2. 基于 BP 神经网络的特征提取

神经网络从出现到目前，已经应用到了许多领域。利用 BP 网络的高分辨信息压缩的非线性映射的特点，可以将 BP 网络应用在故障特征的信息提取上。

设 BP 神经网络的隐层的输出为 $O_i^B(i=1,2,\cdots,n)$，则当网络收敛后，隐层 k 单元的输出为 O_k^B：

$$O_k^B = f(\sum W_{ik}^B O_i^A + \theta_k) \tag{3.14}$$

$k=1,2,\cdots,n$，W_{ik}^B 为输入单元 I 与隐层单元 k 之间的连接权。

输出层第 j 单元的输出为

$$y_j = f\left(\sum_{k=1}^N W_{kj}^B O_k^B + \xi_j\right) \tag{3.15}$$

$j=1,2,\cdots,N$；ξ_j 为阈值；W_{kj}^B 为隐层单元 k 与输出层单元 j 之间的连接权。

上面两式实现了从输入层到输出层之间的非线性映射，隐层的输出值代表了输入层原始特征空间的特征。

基于神经网络的特征提取一般有如下步骤：

（1）对原始特征进行归一化处理。

（2）选择 BP 网络的模型结构参数，输入和输出单元数等于原始特征参数的维数。

（3）选择合适的神经网络学习参数，以保证较高的收敛精度。

（4）利用误差反向传播法对 BP 网络进行训练。

（5）将原始特征参数的所有样本输入已训练好的 BP 网络，进行前向计算，求出 BP 网络第一隐层各单元的输出值，得到所提取的新特征参数。

3. 主元特征提取法

有限离散 K-L 变换，又称为 Hotelling 变换或主分量分解，它是一种基于目标统计特性的最佳正交变换。其变换后产生的新的分量正交或不相关，以部分新的分量表示原矢量均方误差最小，使变换矢量更趋确定，能量更趋集中。

设有特征集 X 和 Y，X 和 Y 之间的线性变换可表示为 $Y=A\cdot X$，A 为变换矩阵。特征集 X 和 Y 的均值矢量 $\overline{X}=E[X]$，$\overline{Y}=E[Y]$，相关阵 $R_X=E[XX^T]$，$R_Y=E[YY^T]$，协方差阵 $C_X=E[(X-\overline{X})(X-\overline{X})^T]$，$C_Y=E[(Y-\overline{Y})(Y-\overline{Y})^T]$。

将 X 与 Y 用转置矩阵表示为

$$Y^T = X^T A^T$$

$$E(YY^T) = AE(XX^T)A^T$$

$$R_Y = AR_X A^T$$

R_Y 为角矩阵，R_X 为实对称矩阵，A 为正交矩阵，从而非负矩阵 R_X 有 n 个正实特征根 λ_i，$i=1,2,\cdots,n$，它们组成对角阵 R_Y，即

$$R_Y = [E(y^2)] = [\lambda_i], \lambda_1 > \lambda_2 > \cdots > \lambda_n \tag{3.16}$$

选择前面 m 个最大特征对应的特征矢量构成 m 维空间。比值 $\lambda_i / \sum\limits_{i=1}^{n} \lambda_i$，反映了特征集 $\boldsymbol{Y}$ 中第 i 个分量对整体方差的贡献，比值越大，说明该分量越重要。一般选择 m 使：

$$\sum_{i=1}^{m} \lambda_i / \sum_{i=1}^{n} \lambda_i > 85\% \tag{3.17}$$

该式的详细说明可查阅参考文献 [12]。

对于 K-L 变换的详细过程可查阅参考文献 [13]。

4. 基于互信息熵的特征提取

熵在信息论中表示不确定性，不确定性越大则熵越大。机组采集信号中的信息具有不确定性，这是诊断所需求的。

对于 m 类问题，设给定的 $\boldsymbol{X}$ 的各类后验概率为

$$P(\omega_i \mid \boldsymbol{X}) = p_i (i = 1, 2, \cdots, m), \quad \sum_{i=1}^{m} p_i \log_2 p_i = 1$$

那么熵的定义是：

$$H(\boldsymbol{X}) = H(P) = -\sum_{i=1}^{m} p_i \log_2 p_i \tag{3.18}$$

对于式 (3.18) 中 $\log_2 p_i$，当 $p_i = 0$，$p_i \log_2 p_i = \lim\limits_{p_i \to 0} p_i \log_2 p_i = 0$。

熵具有以下性质：

(1) $H(\boldsymbol{X}) \geqslant 0$，当且仅当存在 ζ，有 $p_\zeta = 1$，$i \neq \zeta$，$p_i = 0$ 时等号成立，也就是说确定概率场熵最小。

(2) 等概率场熵最大。

(3) 熵函数是 p 的对称的上凸形连续函数。

对信息进行分类和特征提取，必须有一个准则，因此取熵的期望作为类别可分性的判据。

$$J_H = E_{\boldsymbol{X}} \Big[-\sum_{i=1}^{m} P(\omega_i \mid \boldsymbol{X}) \log_2 P(\omega_i \mid \boldsymbol{X}) \tag{3.19}$$

根据式 (3.19)，构造一个广义的熵定义：

$$H^{(a)}(P) = (2^{1-a} - 1) \Big[\sum_{i=1}^{m} p_i^a - 1 \Big] \tag{3.20}$$

式 (3.20) 中 a 是一实的正参数，$a \neq 1$。对于不同的 a 就有不同的度量。

当 $a \to 1$，称之为 Shannon 熵：

$$H^{(1)}(P) = -\sum_{i=1}^{m} p_i \log_2 p_i \tag{3.21a}$$

当 $a = 2$，称之为平方熵：

$$H^{(2)}(P) = 2 \Big[1 - \sum_{i=1}^{m} p_i^2 \Big] \tag{3.21b}$$

上面给出了熵的定义和熵可分类判别的准则，下面开始论述利用熵提取故障特征。

利用互信息熵进行特征提取，就是在由给定的 n 个特征值的集合 $\boldsymbol{X}$，寻找一个具有最大互信息熵或最小特征条件熵 $H(x_i/E)$ 的集合：$\boldsymbol{X}' = [x_1, x_2, \cdots, x_k]$，$k < n$。

最大互信息熵是由系统熵和后验熵确定的，一般而言，系统熵是确定的，因此后验熵越小，则互信息熵就越大。

后验熵为 $H(E/F)$：

$$H(E/F) = \int_{R^n} P(x) H(E/x) \mathrm{d}x \tag{3.22}$$

计算后验熵，就要估计概率分布，这一过程的计算比较复杂。如 Fisher 的线性辨识方法。因此，需要近似的估计后验熵。

为了简化计算，将样本的平均分布近似为故障类别的平均分布，于是后验熵近似为

$$\widehat{H}(E/F) = \sum P(\Omega_k) [-P(\Omega_k/x_k) \log_2 P(\Omega_k/x_k)] \tag{3.23}$$

式中　Ω_k——样本集合。

对于条件概率的估计，利用 Parzen 分布：

$$P(\boldsymbol{X}/\Omega_i) = \frac{1}{(2\pi)^{m/2} \sigma^m q} \sum_{i=1}^{q} \exp(- \parallel x - \Omega_i \parallel^2) / 2\sigma^2 \tag{3.24}$$

条件化的归一化表达式为

$$\widehat{P}(\boldsymbol{X}/\Omega_i) = \frac{P(\boldsymbol{X}/\Omega_i) p(\Omega_i)}{\sum P(\boldsymbol{X}/\Omega_i) p(\Omega_i)} \tag{3.25}$$

在一定的初始条件下，识别样本的后验熵是确定的，随着特征优化，特征删除的过程中，就会有信息的损失，使后验熵增大。

利用熵提取特征的步骤如下：

(1) 令原始特征集合为 $S[K = N]$。

(2) 计算 $H(E/S)$。

(3) $S[K = N-1]$，计算 $H(E/S)$。

(4) 选择优化特征集合：以递减的集合的后验熵为依据，选择具有最小后验熵的特征向量集合为最优特征集合。

(5) 输出最优特征集合。

3.3　故障诊断传统识别方法

故障诊断的核心是运行状态的识别、故障模式的识别。识别的方法很多，有统计识别法、逻辑识别法、模糊识别法、灰色识别法、故障树分析法、对比分析识别法等。

3.3.1　统计识别法

机组诊断系统的输入信号、输出信号都具有随机性，要从被测信号中提取特征信号时采用统计识别法能反映出被诊断对象的实时状态。

统计识别法对机组进行诊断有 4 个步骤：信号测量、特征提取、建立标准特征库、比较识别。

4 个步骤里面的比较识别也被称为门限识别或聚类分析，就是将被诊断对象的实时信号提取出来的特征元素与标准库中的正常状态模式进行对比，根据相应集合接近的程度给出诊断的结论。

门限比较的基本算子为[14]

$$D = \mu\left[\sigma - \sqrt{(l-k)^2}\right] \tag{3.26}$$

$$\mu(x) = \begin{cases} 0 & x < 0 \\ 1 & x \geqslant 0 \end{cases} \tag{3.27}$$

式中　　D——故障变量，是一个逻辑值，当出现故障时为 1，没有故障为 0；

　　　　σ——门限值；

　　　　l——提取的特征元素；

　　　　k——由试验数据统计或理论分析计算确定的标准库中的特征元素；

　　$\mu(x)$——单位阶跃函数。

当特征元素为 n 个特征参数组成的特征向量时，每个特征向量相当于在 n 维特征空间中的一个点。按照一定准则，将这些特征向量点划分为若干个群，群代表状态。

建立机组故障诊断的标准模式库时，通常是在已知机组的状态下获得特征向量的一批样本，求得各种状态下的特征点的聚类中心，将对应于这些聚类中心的特征向量作为标准模式，表示为

$$\boldsymbol{K}_j = [x_{1j}, x_{2j}, \cdots, x_{mj}] \quad j = 1, 2, \cdots, m \tag{3.28}$$

对于机组待检状态的特征向量 $\boldsymbol{K}$ 与各聚类中心的距离 $d(\boldsymbol{K}, \boldsymbol{K}_j)$。如果下式成立

$$d(\boldsymbol{K}, \boldsymbol{K}_j) = \min\{d(\boldsymbol{K}, \boldsymbol{K}_1), \cdots, d(\boldsymbol{K}, \boldsymbol{K}_m)\} \tag{3.29}$$

则称待检特征向量 $\boldsymbol{K}$ 与标准模式特征向量 $\boldsymbol{K}_j$ 最接近，待检状态归入状态 D_j。

中心距离 d 函数是进行识别的关键，常用的距离函数有欧氏距离、加权欧氏距离、马氏距离、相似性指标、相关系数、广义距离、库尔伯克-莱贝尔信息距离等。

1. 欧氏距离

在欧氏空间中，设矢量 $\boldsymbol{X} = (x_1, x_2, \cdots, x_n)^{\mathrm{T}}$，$\boldsymbol{Z} = (z_1, z_2, \cdots, z_n)^{\mathrm{T}}$，两点距离越近，表明相似性越大，可认为是同一群聚域，或者属于同一类别，这种距离称之为欧氏距离。

$$D_E^2 = \sum_{i=1}^{n} (x_i - z_i)^2 = (\boldsymbol{X} - \boldsymbol{Z})^{\mathrm{T}}(\boldsymbol{X} - \boldsymbol{Z}) \tag{3.30}$$

式中　　$\boldsymbol{Z}$——标准模式矢量；

　　　　$\boldsymbol{X}$——待检模式矢量；

　　　　T——矩阵转置。

欧氏距离简单明了，不受坐标旋转、平移的影响。为避免坐标尺度对分类结果的影响，在计算欧氏距离之前先对特征参数进行规一化处理：

$$x_i = \frac{x_i - x_{\min}}{x_{\max} - x_{\min}} \tag{3.31}$$

式中　$x_{\min}$——特征参数的最小值；

$x_{\max}$——特征参数的最大值。

2. 加权欧氏距离

因为特征向量种的各分量对分类的作用不同，所以采用加权方法。加权欧氏距离是对欧氏距离的一种改进。构造的加权欧氏距离为

$$D_W^2 = (\boldsymbol{X} - \boldsymbol{Z})^{\mathrm{T}} \boldsymbol{W} (\boldsymbol{X} - \boldsymbol{Z}) \tag{3.32}$$

式中　$\boldsymbol{W}$——加权系数矩阵。

加权欧氏距离中的加权系数矩阵 $\boldsymbol{W}$ 的计算方法很多，根据不同的取值方法有不同的距离函数，如马氏距离函数。

3. 马氏距离 （mahalanobis distance）

马氏距离是加权欧氏距离的一个距离函数，它的加权系数矩阵 $\boldsymbol{W}$ 取值为 $\boldsymbol{R}$，$\boldsymbol{R}$ 是 $\boldsymbol{X}$ 与 $\boldsymbol{Z}$ 的协方差矩阵：$\boldsymbol{R} = \boldsymbol{X} \boldsymbol{Z}^{\mathrm{T}}$。

马氏距离形式为

$$D_m^2 = (\boldsymbol{X} - \boldsymbol{Z})^{\mathrm{T}} \boldsymbol{R}^{-1} (\boldsymbol{X} - \boldsymbol{Z}) \tag{3.33}$$

马氏距离的优点是排除了特征参数之间的相互影响。

4. 相似性指标

相似性指标也是作聚类分析时衡量两个特征矢量点是否属于同一类的统计量。

角度相似性指标（余弦度量）：

$$S_c = \frac{\sum_{i=1}^{n} X_i Z_i}{\sqrt{\sum_{i=1}^{n} X_i^2 \sum_{i=1}^{n} Z_i^2}} \tag{3.34}$$

或

$$S_c = \frac{\boldsymbol{X}^{\mathrm{T}} \boldsymbol{Z}}{\| \boldsymbol{X} \| - \| \boldsymbol{Z} \|} \tag{3.35}$$

S_c 是特征矢量 $\boldsymbol{X}$ 和 $\boldsymbol{Z}$ 的夹角的余弦，夹角为 $0°$ 取值为 1，角度相似最大。

5. 相关系数

$$S_{\boldsymbol{XZ}} = \frac{\sum_{i=1}^{n} (X_i - \hat{X})(Z_i - \hat{Z})}{\sqrt{\sum_{i=1}^{n} (X_i - \hat{X})^2 \sum_{i=1}^{n} (Z_i - \hat{Z})^2}} \tag{3.36}$$

式中　$\hat{X}, \hat{Z}$——$\boldsymbol{X}, \boldsymbol{Z}$ 的平均值。

相关系数 $S_{\boldsymbol{XZ}}$ 越大，表示相似性越强。

6. 广义距离

广义距离也是空间距离的一种，也称为明氏距离。

$$D_M^q = \sum_{i=1}^n |x_i - z_i|^2 \qquad (3.37)$$

当 $q=1$，式（3.37）称作绝对距离：

$$D_M^1 = \sum_{i=1}^n |x_i - z_i| \qquad (3.38)$$

当 $q=2$，式（3.37）称作欧氏距离。

当 $q=\infty$，式（3.37）称作切比雪夫距离。

$$D_M^\infty = \max|x_i - z_i| \quad 1 \leqslant i \leqslant n \qquad (3.39)$$

7. 库尔伯克-莱贝尔（Kullback - Leiber）信息距离函数

设 $X=(x_1, x_2, \cdots, x_N)$ 为随机矢量，概率密度函数为 $P(x)$，它属于概率密度族函数 $G(x/\phi)$ 中的一个，$\phi=(\phi_1, \phi_2, \cdots, \phi_n)^T$ 是参数矢量。

$$P(x)=G(x/\phi^0) \qquad (3.40)$$

库尔伯克-莱贝尔（Kullback - Leiber）信息数（K-L）是描述 $P(x)$ 与 G 的接近程度，这种接近程度用下式表示：

$$\begin{aligned} I(P,G) &= E\log_2(x) - E\log_2 G(x/\phi) \\ &= \int P(x)\log_2 P(x)\mathrm{d}x - \int P(x)\log_2 G(x/\phi)\mathrm{d}x \\ &= \int P(x)\log_2 \frac{P(x)}{G(x/\phi)}\mathrm{d}x \end{aligned} \qquad (3.41)$$

由于

$$-E\log_2 \frac{G(x/\phi)}{P(x)} \geqslant -\log_2 E\frac{G(x/\phi)}{P(x)} \qquad (3.42)$$

当 $\phi=\phi^0$，K-L 信息量达到最小值，即

$$I(P,G)_{\phi=\phi^0} = 0 \qquad (3.43)$$

K-L 信息量的实质是寻求接近 $P(x)$ 的参数概率密度函数，使得 $I(P，G)$ 达到最小。

若 $P(x)$ 代表参考模式的概率密度函数，$G(x)$ 是待检模式的概率密度函数，按照 K-L 信息数可以比较两类状态的相似程度。

根据不同的分类标准可以划分出不同类型的统计诊断方法。按照诊断要求和内容的不同可分为基本型、析因型和预报型 3 种类型。基本型只给出单一结论。析因型在基本型的基础上增加了故障原因分析。预报型除了基本型具有的功能外，增加了故障预报功能。

基本型中的门限比较有类加法、逐项比较法以及综合法。

类加法的公式为

$$D = \mu\left(\sigma - \sqrt{\sum_{i=1}^n (L_i - K_i)^2}\right) \qquad (3.44)$$

式中 L_i——提取的第 i 个特征元素值；

$\quad\ \ K_i$——标准库中第 i 个特征元素值；

$\quad\ \ n$——是一个变量，$1 \leqslant n \leqslant \infty$。

逐项比较法是 n 维坐标上沿各坐标轴的两点间距离的比较，其公式为

$$D = \mu \left\{ \sum_{i=1}^{m} \left[\sigma_i - \sqrt{(L_i - K_i)^2} \right] \right\} \tag{3.45}$$

将逐项比较法与类加法综合起来就是基本型的综合法，其公式为

$$D = \mu \left\{ \mu \left[\sum_{i=1}^{m} \left(\sigma_i - \sqrt{(L_i - K_i)^2} \right) \right] + \mu \left(\sigma - \sqrt{\sum_{i=1}^{n} (L_i - K_i)^2} \right) \right\} \tag{3.46}$$

基本型可以在不完全了解被诊断对象特性和没有长期试验的情况下开展诊断工作。

析因型诊断模型如图 3.2 所示。

应用基本型来诊断是否存在故障，故障原因诊断的基本算子为

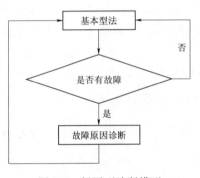

$$d_j = \delta \left\{ M - \sum_{i=1}^{N} \mu \left[\delta_i - \sqrt{(L_i - K_i)^2} \right] \right\} \tag{3.47}$$

图 3.2　析因型诊断模型

式中　d_j——第 j 种故障的变量，是一个逻辑值，有故障为 1，无故障为 0；

　　　δ——单位脉冲函数；

　　　M——对应故障的应有变化的特征元素的个数；

　　　N——全部特征元素的总数，$1 \leqslant M \leqslant N$。

采用析因型的前提是各故障现象对应的特征向量之间应无耦合关系，但是在一定的弱耦合条件下，也可以应用。

预报型统计诊断可以分为基于基本型的统计预报诊断和基于析因型的统计预报诊断。

预报功能是在标准特征库中装入时间函数表示的特征元素模型，即

$$d(t) = \mu \left\{ \sigma - \sqrt{[l(t) - k]^2} \right\} \tag{3.48}$$

预报模型主要采用 AR、ARMA 模型。

应用统计识别法进行故障诊断的流程如下：

确定特征元素→确定标准值和门限值→建立时序预报模型→门限比较

3.3.2　逻辑识别法

逻辑识别法是针对逻辑特征量进行故障识别的故障诊断方法。

逻辑识别法分为物理逻辑判别和数理逻辑识别。物理逻辑识别是根据征兆与状态之间的物理关系进行推理诊断。数理逻辑识别是根据征兆与状态之间的数理逻辑关系（布尔函数），在获得征兆后，按照逻辑代数运算规则，判别工况状态。数理逻辑只能推理正常或异常、有故障或无故障。

1. 逻辑代数规则

机组故障诊断系统中，常判别机组有无故障，机组运行状态有无异常。若有故障为 1，无故障为 0。这种只能取 1，0 的变量称为逻辑变量。函数 $\boldsymbol{Y} = F(\boldsymbol{X})$ 称作逻辑

函数，若自变量 X（向量）和因变量 Y（向量）均为逻辑变量。

逻辑和：$C=A+B$，当 A 与 B 其中之一为 1 时，和为 1。

逻辑乘：$C=A\times B$，当 A 与 B 均为 1 时，乘积为 1。

逻辑非：A，$\overline{A}$，称 $\overline{A}$ 为 A 的逻辑非。A 取 1，则 $\overline{A}$ 为 0，A 取 0，则 $\overline{A}$ 为 1。

同一：$A=B$，A 与 B 的取值相同。

蕴涵：$C=A{\rightarrow}B$，其逻辑关系等同于 $C=\overline{A}+B$，表示 A 存在，则必有 B 存在。

以上逻辑关系的真值见表 3.2。

表 3.2 　　　　　　　　　　　逻 辑 运 算

A	B	$C=A+B$	$C=AB$	$C=A{\rightarrow}B$	$A=B$	$\overline{A}$
0	0	0	0	1	1	1
0	1	1	0	1	0	1
1	0	1	0	0	1	0
1	1	1	1	1	1	0

逻辑运算同代数运算一样具有一定的运算法则。

交换律：$A+B=B+A$，$AB=BA$。

结合律：$A+B+C=A+(B+C)=(A+B)+C$，$A(BC)=(AB)C$。

重叠律：$A+A+\cdots+A=A$，$AA\cdots A=A$。

0－1 律：$A+1=1$，$A0=0$。

自等律：$A+0=A$，$A1=A$。

非非律：$\overline{\overline{A}}=A$。

互补律：$A+\overline{A}=1$，$\overline{AA}=0$。

反演律：$\overline{ABC\cdots K}=\overline{A}+\overline{B}+\overline{C}+\cdots+\overline{K}$，$\overline{A+B+C+\cdots+K}=\overline{ABC\cdots K}$。

分配律：$A(B+C)=AB+BC$，$(A+B)(A+C)=A+BC$。

吸收律：$A+AB=A$，$A(A+B)=A$。

2. 逻辑诊断原理

设 K_1，K_2，$\cdots$，K_n 表示机组的征兆，若 $K_i=1$，则称有第 i 个征兆；若 $K_i=0$，则称无第 i 个征兆。设 Q_1，Q_2，$\cdots$，Q_m 表示机组的状态，若 $Q_j=1$，则称有第 j 种状态，若 $Q_j=0$，则称无第 j 种状态。

定义布尔征兆函数 $G(K)$ 和状态函数 $F(Q)$，以及诊断布尔函数 $E(K,Q)$。

逻辑诊断的基本问题就是根据机组的征兆函数 G 和决策函数 E 来求出状态函数 F，即表示为 $E=G{\rightarrow}F$。

含义为机组具有某种征兆，则机组处于相应的状态。

也可以表示为 $E=\overline{F}{\rightarrow}\overline{G}$。

含义为机组没有出现某种状态，则相应的特征就不存在。

3.3.3 模糊识别法

水力机组运行过程中的动态信号及其特征值都具有不确定性，如偶然性和模糊性。所谓的模糊性是指区分客观事物差异的不分明。例如水力机组故障征兆中许多故障的描述，如振动加剧、摆度过大、噪声大，故障原因均可用转子偏心大，空蚀磨损严重等。

同一型号的水力机组，在不同的运行条件下，由于工况的差异，机组的动态行为不尽一致。而且对同一类型的机组的评价只能在一定范围内做出估计，而不能做出明确的判断。为了解决这类问题，以模糊数学为基础，应用数学运算方法，得到某种确切的结论，这就是模糊诊断技术。

1. 模糊概念及隶属函数

在系统中，所有可能发生的故障以及发生故障的原因可以用一集合来表示，这个集合用欧氏矢量表示为

$$Y = \{y_1, y_2, \cdots, y_n\} \tag{3.49}$$

式中　n——故障总数。

由故障引起的各种特征元素定义为一个集合，表示为

$$X = \{x_1, x_2, \cdots, x_m\} \tag{3.50}$$

式中　m——各种特征元素的总数。

根据模糊集合理论，故障原因的模糊集合与它们的各特征元素的模糊集合之间存在如下的逻辑关系：

$$Y = X \cdot \boldsymbol{R}$$

其中"·"和"$\boldsymbol{R}$"分别表示模糊逻辑算子和模糊关系矩阵。从上式可以看出，如果知道征兆集合 X 和模糊矩阵 $\boldsymbol{R}$，那么就可以求出故障原因集合 Y。因此，确定征兆集合 X 和模糊逻辑矩阵是重要环节。

模糊关系矩阵 $\boldsymbol{R}$ 表示故障原因和特征之间的因果关系，表示为

$$\boldsymbol{R} = \begin{bmatrix} \boldsymbol{R}_{11} & \boldsymbol{R}_{12} & \cdots & \boldsymbol{R}_{1n} \\ \boldsymbol{R}_{21} & \boldsymbol{R}_{22} & \cdots & \boldsymbol{R}_{2n} \\ \vdots & \vdots & & \vdots \\ \boldsymbol{R}_{m1} & \boldsymbol{R}_{m2} & \cdots & \boldsymbol{R}_{mn} \end{bmatrix} \quad 0 \leqslant \boldsymbol{R}_{ij} \leqslant 1 (i=1,2,\cdots,m; j=1,2,\cdots,n) \tag{3.51}$$

模糊关系矩阵有等价关系和相似关系两种。等价关系满足自反性、对称性和传递性，相似关系只能满足自反性和对称性。

模糊数学将 0，1 二值逻辑推广到可取 [0，1] 闭区间中任意值的连续逻辑，此时的特征函数称为隶属函数 $\mu(x)$，它满足 $0 \leqslant \mu(x) \leqslant 1$。它表征 K 以多大程度隶属于状态空间 $Q = \{q_1, q_2, \cdots, q_n\}$ 中的那个子集 $\{q_i\}$，用 $\mu_k(x)$ 表示，$\{x\}$ 为表征某一种状态 $\{q_i\}$ 的特征变量，称 $\mu_k(x)$ 为 $\{x\}$ 对 K 的隶属度。当 $\mu_k(x) = 0$，无此特征，$\mu_k(x) = 1$，表示肯定有此特征，机组肯定发生了某种故障。

隶属函数在模糊数学中占有十分重要的地位，它将模糊性进行数值化描述，使事物的不确定性在形式上用数学方法进行计算。诊断系统中，隶属函数的正确选择与否会影响诊断的精确性。常用的隶属函数有二十多种，可分为 3 类：上升型、下降型和中间对称型。

广义的隶属函数为

$$\mu(x)=\begin{cases}I(x) & x\in[a,b)\\ h & x\in[b,c)\\ D(x) & x\in[c,d)\\ 0 & x\notin[a,d]\end{cases} \quad a\leqslant b\leqslant c\leqslant d \tag{3.52}$$

其中 $I(x)\geqslant 0$ 为该区间上的严格单调增函数，$D(x)\geqslant 0$ 为该区间上的严格单调减函数，$0<h\leqslant 1$ 称为隶属函数的高度，通常取为 1。

以下为常用隶属函数。

（1）降半矩形分布：

$$\mu(x)=\begin{cases}1 & 0\leqslant x\leqslant a\\ 0 & x>a\end{cases} \tag{3.53}$$

如图 3.3 所示。

（2）降半正态分布：

$$\mu(x)=\begin{cases}1 & 0\leqslant x\leqslant a\\ e^{-k(x-a)^2} & x>a \quad (k>0)\end{cases} \tag{3.54}$$

如图 3.4 所示。

（3）降半 Γ-分布：

$$\mu(x)=\begin{cases}1 & 0\leqslant x\leqslant a\\ e^{-k(x-a)} & x>a \quad (k>0)\end{cases} \tag{3.55}$$

如图 3.5 所示。

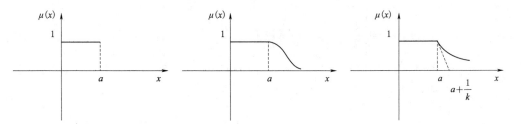

图 3.3　降半矩形分布　　图 3.4　降半正态分布　　图 3.5　降半 Γ-分布

（4）降半梯形分布：

$$\mu(x)=\begin{cases}1 & 0\leqslant x\leqslant a_1\\ \dfrac{a_2-x}{a_2-a_1} & a_1<x\leqslant a_2\\ 0 & x>a_2\end{cases} \tag{3.56}$$

如图 3.6 所示。

（5）降半柯西分布：

$$\mu(x)=\begin{cases}1 & 0\leqslant x\leqslant a\\ \dfrac{1}{1+k(x-a)^2} & a<x\end{cases} \tag{3.57}$$

如图 3.7 所示。

（6）降半凹凸分布：

$$\mu(x)=\begin{cases}1 & 0\leqslant x\leqslant a\\1-a(x-a)k & a<x\leqslant a+1/\sqrt[k]{a}\\0 & x>a+1/\sqrt[k]{a}\end{cases}\qquad(3.58)$$

如图 3.8 所示。

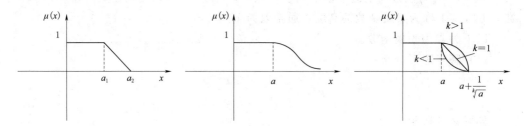

图 3.6 降半梯形分布 　　图 3.7 降半柯西分布 　　图 3.8 降半凹凸分布

（7）降半指数分布：

$$\mu(x)=\begin{cases}1-\dfrac{1}{2}\mathrm{e}^{k(x-a)} & 0\leqslant x\leqslant a\\[2mm]\dfrac{1}{2}\mathrm{e}^{-k(x-a)} & x>a\end{cases}\qquad(3.59)$$

如图 3.9 所示。

（8）降岭形分布：

$$\mu(x)=\begin{cases}1 & x\leqslant a_1\\[2mm]\dfrac{1}{2}-\dfrac{1}{2}\sin\dfrac{\pi}{a_2-a_1}\left(x-\dfrac{a_2+a_1}{2}\right) & a_1<x\leqslant a_2\\[2mm]0 & a_2<x\end{cases}\qquad(3.60)$$

如图 3.10 所示。

（9）矩形分布：

$$\mu(x)=\begin{cases}0 & x\leqslant a-b\\1 & a-b<x\leqslant a+b\\0 & a+b<x\end{cases}\qquad(3.61)$$

如图 3.11 所示。

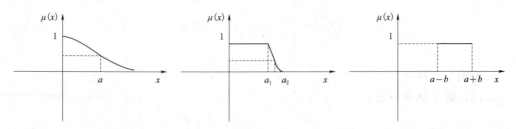

图 3.9 降半指数分布 　　图 3.10 降岭形分布 　　图 3.11 矩形分布

（10）柯西分布：

$$\mu(x) = \frac{1}{1+k(x-a)^2} \quad a>0 \tag{3.62}$$

如图 3.12 所示。

（11）正态分布：

$$\mu(x) = e^{-k(x-a)^2} \tag{3.63}$$

如图 3.13 所示。

（12）尖 Γ-分布：

$$\mu(x) = \begin{cases} e^{k(x-a)} & x \leqslant a \\ e^{-k(x-a)} & a < x \end{cases} \tag{3.64}$$

如图 3.14 所示。

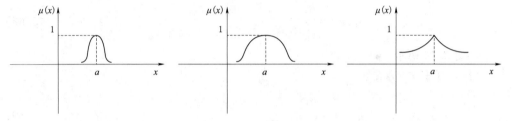

图 3.12 柯西分布　　　　图 3.13 正态分布　　　　图 3.14 尖 Γ-分布

（13）梯形分布：

$$\mu(x) = \begin{cases} 0 & x \leqslant a-a_2 \\ \dfrac{a_2+x-a}{a_2-a_1} & a-a_2 \leqslant x \leqslant a-a_1 \\ 1 & a-a_1 \leqslant x \leqslant a+a_1 \\ \dfrac{a_2-x+a}{a_2-a_1} & a+a_1 \leqslant x \leqslant a+a_2 \\ 0 & a+a_2 \leqslant x \end{cases} \tag{3.65}$$

如图 3.15 所示。

（14）岭形分布：

$$\mu(x) = \begin{cases} 0 & x \leqslant -a_2 \\ \dfrac{1}{2}+\dfrac{1}{2}\sin\dfrac{\pi}{a_2-a_1}\left[x-\dfrac{a_2+a_1}{2}\right] & -a_2 \leqslant x \leqslant -a_1 \\ 1 & -a_1 \leqslant x \leqslant a_1 \\ \dfrac{1}{2}-\dfrac{1}{2}\sin\dfrac{\pi}{a_2-a_1}\left[x-\dfrac{a_2+a_1}{2}\right] & a_1 \leqslant x \leqslant a_2 \\ 0 & a_2 \leqslant x \end{cases} \tag{3.66}$$

如图 3.16 所示。

（15）升半矩形分布：

$$\mu(x) = \begin{cases} 0 & 0 \leqslant x \leqslant a \\ 1 & x > a \end{cases} \tag{3.67}$$

如图 3.17 所示。

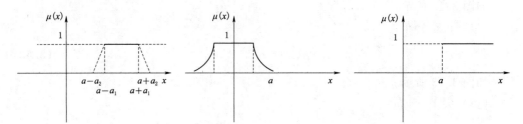

图 3.15　梯形分布　　　　　图 3.16　岭形分布　　　　　图 3.17　升半矩形分布

（16）升半正态分布：

$$\mu(x) = \begin{cases} 0 & 0 \leqslant x \leqslant a \\ 1 - e^{k(x-a)^2} & x > a \quad (k > 0) \end{cases} \tag{3.68}$$

如图 3.18 所示。

（17）升半 Γ-分布：

$$\mu(x) = \begin{cases} 0 & 0 \leqslant x \leqslant a \\ 1 - e^{-k(x-a)} & x > a \quad (k > 0) \end{cases} \tag{3.69}$$

如图 3.19 所示。

（18）升半梯形分布：

$$\mu(x) = \begin{cases} 0 & 0 \leqslant x \leqslant a_1 \\ \dfrac{x - a_1}{a_2 - a_1} & a_1 < x \leqslant a_2 \\ 1 & x > a_2 \end{cases} \tag{3.70}$$

如图 3.20 所示。

（19）升半柯西分布：

$$\mu(x) = \begin{cases} 0 & 0 \leqslant x \leqslant a \\ \dfrac{k(x-a)^2}{1 + k(x-a)^2} & a < x \end{cases} \tag{3.71}$$

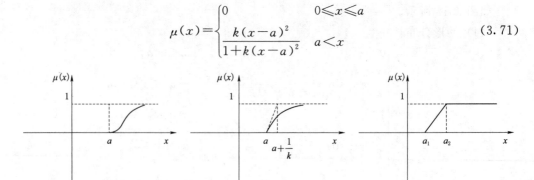

图 3.18　升半正态分布　　　　图 3.19　升半 Γ-分布　　　　图 3.20　升半梯形分布

如图 3.21 所示。

（20）升半凹凸分布：

$$\mu(x)=\begin{cases}0 & 0\leqslant x\leqslant a \\ a(x-a)^k & a<x\leqslant a+1/\sqrt[k]{a} \\ 1 & x>a+1/\sqrt[k]{a}\end{cases} \qquad (3.72)$$

如图 3.22 所示。

（21）升半指数分布：

$$\mu(x)=\begin{cases}\dfrac{1}{2}\mathrm{e}^{k(x-a)} & 0\leqslant x\leqslant a \\ 1-\dfrac{1}{2}\mathrm{e}^{-k(x-a)} & x>a\end{cases} \qquad (3.73)$$

如图 3.23 所示。

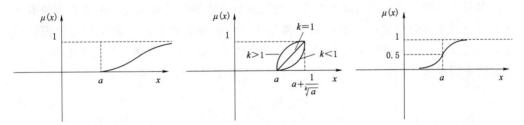

图 3.21　升半柯西分布　　　图 3.22　升半凹凸分布　　　图 3.23　升半指数分布

（22）升岭形分布：

$$\mu(x)=\begin{cases}0 & x\leqslant a_1 \\ \dfrac{1}{2}+\dfrac{1}{2}\sin\dfrac{\pi}{a_2-a_1}\left(x-\dfrac{a_2+a_1}{2}\right) & a_1<x\leqslant a_2 \\ 1 & a_2<x\end{cases} \qquad (3.74)$$

如图 3.24 所示。

模糊逻辑运算的具体算法可以根据所采用的模糊逻辑系统和具体的算子含义而不同，可以有多种算法，运算法则如下。设 X、Y、Z 是隶属度分别为 $\mu(x)$、$\mu(y)$、$\mu(z)$ 的 3 个模糊子集，则它们的"否""交""并""最大下限值"和"最小下限值"分别为

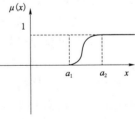

图 3.24　升岭形分布

$$Z=\overline{X};\mu(z)=1-\mu(x)$$
$$Z=X\wedge Y;\mu(z)=\min\{\mu(x),\mu(y)\}$$
$$Z=X\vee Y;\mu(z)=\max\{\mu(x),\mu(y)\}$$
$$Z=\inf X;\mu(x)=\bigwedge_{x_i\in x}\mu(x_i)$$
$$Z=\sup X;\mu(x)=\bigvee_{x_i\in x}\mu(x_i) \qquad (3.75)$$

其中 x_i 表示集合 X 中的一个子集。

2. 模糊系统

模糊系统通常包含模糊化接口（模糊产生器）、模糊规则库、模糊推理机以及非模糊化接口（反模糊化器）4 个基本部分。模糊产生器将精确输入量映射为模糊集合；模糊推理机根据模糊规则库中的模糊推理知识及由模糊产生器产生的模糊集合，推理出模糊结论，并输入到反模糊化器中；反模糊化器将模糊结论映射为精确输出。

模糊逻辑系统具有许多优点：由于输入输出均为实型变量，故特别适用于工程应用系统；提供了一种描述专家组织的模糊规则的一般形式；模糊化接口（模糊产生器）、模糊推理机以及非模糊化接口（反模糊化器）的选择具有很大的自由度。

模糊系统的分类很多，按照常见的形式可分为纯模糊逻辑系统、高木关野模糊系统、广义模糊系统；按照输入输出方式可分为单输入单输出系统、单输入多输出系统、多输入单输出系统以及多输入多输出系统。

模糊化接口：模糊化接口用于实现精确量到模糊量的变换。模糊化实质是将一个实际测量的精确数值映射为该值对于其所处论域上模糊集的隶属度。模糊化方法有两种：一种是单值模糊化产生器，另一种是非单值模糊化产生器。常用的是单值模糊化，其定义为：某一确定的输入量可认为是仅在某一点对于模糊集的隶属度为 1，其他点的隶属度为 0。即

$$\mu_A(x)=Fuzzy(x)=\begin{cases}1 & x=x_0 \\ 0 & x\neq x_0\end{cases} \tag{3.76}$$

模糊规则库：模糊规则库是由若干个模糊语义规则和事实组成，它包含了推理机进行工作时所需要的事实规则和推理规则的结构。由于多输入多输出系统可以分解为多输入单输出系统，故现在只考虑多输入单输出（mulit - input - single - out，MISO）系统。模糊推理规则为

$$R^{(l)}:\mathrm{IF}\,x_1\,is F_1^l,\cdots,x_n\,is F_n^l \quad \mathrm{THEN}\,y\,is G^l \tag{3.77}$$

其中，F_1^l 和 G^l 分别为 $U_i \subseteq R$、$V \subseteq R$ 上的模糊集合，且 $x=(x_1,\cdots,x_n)^{\mathrm{T}} \in U_1 \times \cdots \times U_n$ 和 $y \in V$ 均为实变量，x、y 分别是模糊系统的输入输出量。$l=1,2,\cdots,M$，即 M 为总的规则数。模糊系统的每一条规则 $R^{(l)}$ 都可以看作为一个模糊蕴含关系 $R^{(l)}=F_1^l \times F_2^l \times \cdots \times F_n^l \rightarrow G^{(l)}$，它定义了论域 $U \times V=U_1 \times U_2 \times \cdots \times U_n \times V$ 上的一个模糊子集，其隶属度函数由模糊蕴含算子 I 定义，即

$$R^{(l)}(x,y)=I[F_1^l(x_1),F_2^l(x_2),\cdots,F_n^l(x_n)G^l] \tag{3.78}$$

模糊推理机：模糊推理机是模糊系统的核心，实质上是一套决策逻辑，应用模糊规则库中的模糊语言规则推出输入后的系统输出。也就是将模糊 "IF　THEN" 规则转化成某种映射。模糊规则：

$$R^{(l)}:\mathrm{IF}\,x_1\,is F_1^l,\cdots,x_n\,is F_n^l \quad \mathrm{THEN}\,y\,is G^l \tag{3.79}$$

可以表示成一个积空间 $U \times V=U_1 \times U_2 \times \cdots \times U_n \times V$ 上的蕴含关系 $R^{(l)}=F_1^l \times F_2^l \times \cdots \times F_n^l \rightarrow G^{(l)}$。设 U 上的集合 A 为模糊推理机的输入，采用 sup—* 合成运算，则由每一条模糊推理规则所导出的 V 上的模糊集合 B^l 为

$$\mu_{B^l}(y)=\sup_{x\in U}(\mu_{F_1^l\times\cdots\times F_n^l\rightarrow G^l}(x,y)^*\mu_A(x)) \tag{3.80}$$

由于规则库中有 M 条规则，即 $l=1,2,\cdots,M$，故对于模糊推理机的输入 A，模糊推理机有两种输出形式：M 个 B^l 组成的模糊集合群体，M 个模糊集合 B^l 之和组成的模糊集合 B'，即

$$\mu_{B'}(y)=\mu_{B'}(y)\div\oplus\cdots\oplus\mu_{B^l}(y) \tag{3.81}$$

式中　$\oplus$——max、'$\times$'或其他算子。

反模糊器（非模糊化接口）：非模糊化处理实现了一个输出的模糊论域空间到普通子空间的映射。反模糊化器 DF 应满足：

$$\text{IF}\mu(x)=0,x\in(-\infty,a]\quad\text{THEN}DF[\mu(x)]\geqslant a \tag{3.82}$$

$$\text{IF}\mu(x)=0,x\in(-\infty,a)\quad\text{THEN}DF[\mu(x)]>a \tag{3.83}$$

$$\text{IF}\mu(x)=0,x\in(a,\infty]\quad\text{THEN}DF[\mu(x)]\leqslant a \tag{3.84}$$

$$\text{IF}\mu(x)=0,x\in[a,\infty)\quad\text{THEN}DF[\mu(x)]<a \tag{3.85}$$

常见的 3 种反模糊化器是最大值反模糊化器、中心平均反模糊化器、改进反模糊化器。

（1）最大值反模糊化器定义为

$$y=\underset{y\in V}{\arg\sup}[\mu_{B''}(y)] \tag{3.86}$$

（2）中心平均反模糊化器定义为

$$y=\frac{\sum_{l=1}^{M}\overline{y}^l[\mu_{B^l}(\overline{y}^l)]}{\sum_{l=1}^{M}\mu_{B^l}(\overline{y}^l)} \tag{3.87}$$

（3）改进反模糊化器定义为

$$y=\frac{\sum_{l=1}^{M}\overline{y}^l[\mu_{B^l}(\overline{y}^l)/\delta^l]}{\sum_{l=1}^{M}[\mu_{B^l}(\overline{y}^l)/\delta^l]} \tag{3.88}$$

模糊诊断规则诊断的实质是根据模糊关系矩阵及征兆模糊矢量，求得状态模糊矢量，从而根据准则大致确定有无故障。模糊准则有最大隶属度准则、择近准则和模糊聚类准则。

最大隶属度准则：取状态模糊矢量中隶属度最大的元素。

择近准则：当被识别的对象本身也是模糊的，或者是状态论域 Q 上的一个模糊子集 S 时，此时通过识别 S 与征兆论域中 K 个模糊子集的关系来进行判断，若：

$$(S,F_i)=\max_{1\leqslant i\leqslant n}(S,F_i) \tag{3.89}$$

则

$$S\in F_i \tag{3.90}$$

即故障相对属于论域中的第 i 类。这类准则属于一种间接的状态识别方法，通过表现被识别事物的模糊子集来判断此事务属于哪一类。

模糊聚类准则：在确定模糊等价关系矩阵后，根据截集定理，在适当的限定值上进行截取，即按照不同水平对矩阵进行分割和归类，从而获得故障类别。

3.3.4　灰色识别法

"灰色"是一种色阶的度量，表示一种颜色。用颜色描述工程系统，可以分成 3 类：第一类是白色系统，是指因素与系统性能特征之间有明确的映射关系；第二类系统是黑色系统，即人们对系统性能特征与因素之间的关系完全不知道；第三类是知道部分信息，对另一部分信息不了解的系统称之为灰色系统。

灰色系统理论是用一种新颖思路和独特方法研究利用已知信息来确定系统之未知信息而使系统由"灰"变成"白"，又称系统的"白化过程"。

1. 灰色系统的理论方法概要

灰色系统理论的数据处理方法采用了一种独特的数据处理方法：累加处理和累减处理。其目的是为了削弱信号中的随机成分而加强其确定性成分从而提高其信噪比。

数据累加又称为累加生成（accumulated generating operation，AGO）。设原始数据 $\{X^{0}(t_i)\}(i=1,2,\cdots,N)$，则对其进行如下处理，称一次累加处理为 1 - AGO：

$$X^{(1)}(t_i) = \sum_{k=1}^{i} X^{(0)}(t_k) \quad i=1,2,\cdots,N \tag{3.91}$$

由此可得 1 - AGO 的新数列 $\{X^{(1)}(t_i)\}(i=1,2,\cdots,N)$，迭代可求出 m - AGO 的数列。对于含有单调趋势的信号来说，当 m 足够大时，m - AGO 的数列即可认为数据的随机性已被消除而变成确定性数列了。

数据累减处理是累加处理的逆运算，简记为 IAGO（Inverse AGO）。

令 $a^{(0)}(x,i)=X^{(m)}(t_i)$，则 j - IAGO 为

$$a^{(j)}(x,i)=a^{(j-1)}(x,i)-a^{(j-1)}(x,i-1)=X^{(m-j)}(t_i) \quad j \geqslant 1 \tag{3.92}$$

灰色系统的建模是灰色系统理论应用于机组状态的预报数学模型。常用的有两种，一种是基于灰色系统动态模型 GM（或 DM）的灰色预测模型，另一种是基于残差信息开发与利用的数据列残差辨识预测模型。常用 GM(1,1) 模型进行预报，采用的监测量是能反映机组状态的一些物理量。

GM(1,1) 模型为

$$\frac{\mathrm{d}X^{(1)}(t)}{\mathrm{d}t}+aX^{(1)}(t)=u \tag{3.93}$$

因而有

$$X^{(1)}(t) = \left[X^{(1)}(0)-\frac{u}{a}\right]\mathrm{e}^{-at}+\frac{u}{a} \tag{3.94}$$

或

$$X^{(1)}(k+1) = \left[X^{(1)}(0)-\frac{u}{a}\right]\mathrm{e}^{-a(k+1)}+\frac{u}{a} \tag{3.95}$$

其中数据个数 $k=1, 2, \cdots, N$。待识别的参数 a 和变量 u 组成向量 $\hat{a}=\{a,u\}^{\mathrm{T}}$，由下式求得

$$\hat{a}=\{a,u\}^{\mathrm{T}}=(\boldsymbol{B}^{\mathrm{T}}\boldsymbol{B})^{-1}\boldsymbol{B}^{\mathrm{T}}\boldsymbol{Y}_N \tag{3.96}$$

其中矩阵 $\boldsymbol{B}$ 为

$$\boldsymbol{B} = \begin{bmatrix} -\dfrac{1}{2}\big[X^{(1)}(2)+X^{(1)}(1)\big] & 1 \\[2mm] -\dfrac{1}{2}\big[X^{(1)}(3)+X^{(1)}(2)\big] & 1 \\[2mm] \vdots & \vdots \\[2mm] -\dfrac{1}{2}\big[X^{(1)}(K)+X^{(1)}(K-1)\big] & 1 \end{bmatrix}$$

$$Y_N = \{a^{(1)}(X^{(1)},2) \quad a^{(1)}(X^{(1)},3) \quad \cdots \quad a^{(1)}(X^{(1)},K)\}^{\mathrm{T}} \tag{3.97}$$

GM(1,1) 的解为

$$X_{t+1}^{(1)} = \left(X_1^{(0)} - \frac{u}{a}\right)\mathrm{e}^{-at} + \frac{u}{a} \tag{3.98}$$

对式（3.98）作 1-IAGO 处理即可求出原始数列的预测公式：

$$\widehat{X}_{t+1}^{(0)} = (-aX_1^{(0)}+u)\mathrm{e}^{-at} \tag{3.99}$$

2. 灰色关联度分析

关联度是事物之间、因素之间关联性的"量度"，其基本思路是从随机性的时间序列中找到关联性和关联性的度量，以便为因素分析、预测的精度分析提供依据，因而关联度分析可以用来进行故障诊断。

关联度是表征两个灰色系统之间相似性的一种指标，其定义为：设有两个数列 $\{X_j(m)\}$，$\{X_j(n)\}$（$m=1\sim N_0$，$n=1\sim N_k$），它们的关联度为

$$r_{i,j} = \frac{1}{N_0}\sum_{k=1}^{N_0}\varepsilon_{ij}(k) \tag{3.100}$$

其中

$$\varepsilon_{ij}(k) = \frac{\Delta_{\min}+\sigma}{\Delta_{ij}+\sigma} \tag{3.101a}$$

$$\Delta_{ij}(k) = |X_i(k)-X_j(k)| \tag{3.101b}$$

$$\Delta_{\min} = \min|X_i(k)-X_j(k)| \tag{3.101c}$$

$$\sigma = \max|X_i(k)-X_j(k)| \tag{3.101d}$$

关联度大小反映了两个变量之间的关联度大小。

设标准特征向量矩阵 $[X_{ri}]$ 为

$$[X_{ri}] = \begin{bmatrix} X_{r1} \\ X_{r2} \\ \vdots \\ X_{rn} \end{bmatrix} = \begin{bmatrix} X_{r1}(1) & X_{r1}(2) & \cdots & X_{r1}(k) \\ X_{r2}(1) & X_{r2}(2) & \cdots & X_{r2}(k) \\ \vdots & \vdots & \vdots & \vdots \\ X_{rn}(1) & X_{rn}(2) & \cdots & X_{rn}(k) \end{bmatrix} \tag{3.102}$$

下标 r ——标准参考模式；

下标 n ——机组的标准模式个数；

k ——每个故障模式的特征矢量个数。

测得数据的待检模式矢量 $[X_{tj}]$ 为

$$\begin{bmatrix} X_{tj} \end{bmatrix} = \begin{bmatrix} X_{t1} \\ X_{t2} \\ \vdots \\ X_{tm} \end{bmatrix} = \begin{bmatrix} X_{t1}(1) & X_{t1}(2) & \cdots & X_{t1}(k) \\ X_{t2}(1) & X_{t2}(2) & \cdots & X_{t2}(k) \\ \vdots & \vdots & \vdots & \vdots \\ X_{tm}(1) & X_{tm}(2) & \cdots & X_{tm}(k) \end{bmatrix} \tag{3.103}$$

第 j 个待检特征模式矢量为

$$\begin{bmatrix} X_{tj} \end{bmatrix} = \begin{bmatrix} X_{tj}(1) & X_{tj}(2) & \cdots & X_{tj}(k) \end{bmatrix} \tag{3.104}$$

可计算出两矩阵的关联度

$$\begin{bmatrix} r_{tjri} \end{bmatrix} = \begin{bmatrix} r_{tjr1}, r_{tjr2}, \cdots, r_{tjrn} \end{bmatrix} \tag{3.105}$$

将关联度按照从小到大的顺序进行排列，即

$$r_{tjrq} > r_{tjrw} > r_{tjrs} > \cdots \tag{3.106}$$

其中 q、w、s 分别为 $\{1, 2, \cdots, n\}$ 的某个自然数。这个排列次序也表示了待检模式与标准模式的关联程度大小的排列次序，即待检模式划分为标准模式的可能大小的次序。

灰色模式识别（图 3.25）的过程可以表示成：

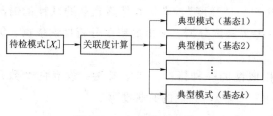

图 3.25　灰色模式识别

3. 灰色诊断法与模糊诊断法的比较与特点

从诊断方法的适用性及局限性来看，模糊诊断主要用于处理模糊量和模糊关系的问题，方法本身不包含数据处理和状态预测。灰色诊断法把一切不确定量当作灰色量来处理。

从方法的难易程度上看，灰色诊断中关联度分析是诊断中的关键，计算方法比较简单，但结果的分辨率不够高。模糊诊断中隶属函数及模糊关系矩阵的建立是问题的关键。

3.3.5　故障树分析法

故障树分析法（fault tree analysis）是由美国贝尔电话研究所的沃森（Watson）和默恩斯（Mearns）于 1961 年首次提出并应用于分析民兵式导弹发射控制系统的。哈斯尔（Hasse）、舒劳德（Schroder）、杰克逊（Jackson）等研制出故障树分析法计算程序。现在故障树分析已经应用到机械、化工等领域。

故障树分析法是把所研究系统最不希望发生的故障状态作为故障分析的目标，然后寻找直接导致这一故障发生的全部因素、再找出下一事件发生的全部直接因素，一直追查到无需深究的因素。最不希望发生的故障或机组系统最大的故障作为顶事件，然后将造成系统故障的原因逐级分解为中间事件，直至把不能或不需要分解的基本事件作为底事件为止，这样就得到了一张树状的逻辑图，称为故障树，如图 3.26 所示。

这一简单的故障树表明：作为顶事件的机组系统故障由水轮机故障引起或由发电机故障引起，而水轮机故障可能由转轮、轴承或其他元件引起。转轮故障可能由叶片、轴等引起。这样将机组系统故障表示得十分清楚。

一般地说，故障树分析就是以故障树为基础，分析影响顶事件发生的底事件种类

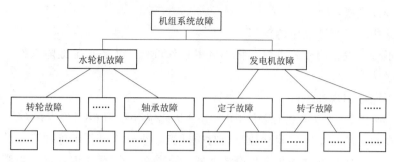

图 3.26 机组故障树

及其相对影响程度。故障树分析第一步是给系统以明确的定义，选定可能发生的不希望事件（水力机组的重大故障）作为顶事件；第二步是对系统的故障进行定义，分析其形成原因；第三步是做出故障树逻辑图；第四步是对故障树结构作定性分析，分析事件结构的重要程度，应用布尔代数简化故障树，寻找故障树的最小割集，以判明薄弱环节；最后一步是对故障树作定量分析。将上面步骤简化，故障树分析主要有：建立故障树、故障树的定性分析和故障树的定量分析。下面依次加以介绍。

1. 故障树的建立

故障树的建立有人工建树和计算机辅助建树两类方法，但它们的思路相同，都是首先确定顶事件，建立故障树约束条件，通过逐级分解得到原始故障树，然后将原始故障树进行简化，得到最终的故障树，供后续的分析计算用。

确定顶事件，在水力机组故障诊断中，顶事件本身就是机组系统级（总体的）故障事件。而在机组系统的可靠性分析中，顶事件有若干的选择余地，选择得当可以使机组系统内部许多典型故障（作为中间事件和底事件）合乎逻辑地联系起来，便于分析。

顶事件应该满足：

（1）要有明确的定义。

（2）要能进行分解，使之便于分析顶事件和底事件之间的关系。

（3）要能度量以便于定量分析。

选择顶事件，首先要明确水力机组正常和故障状态的定义；其次要对机组的故障作初步分析，找出水力机组组成部分可能存在的缺陷，设想可能发生的各种人为因素，推出这些底事件导致机组系统故障发生的各种可能途径（因果链），在各种可能的机组故障中选出最不希望发生的事件作为顶事件。水力机组故障中主轴断裂、叶片断裂的故障属于重大灾难性事故，且发生概率小，所以可以将它们作为水力机组故障树分析的顶事件。

在水力机组系统中，选择的顶事件可以不是唯一的，可以把复杂的机组系统分解为若干个相关的子系统，以典型中间事件当作故障树的顶事件进行建树分析，最后加以综合，这样可使任务简化并可同时组织多人分工合作参与建树工作。

建立约束条件，如果将水力机组的所有故障包括一些人为、偶然的故障都加入到故障树中，那么如此庞大的故障树从故障寻优到故障树的定量分析都是一个庞大的计算工程，因此，必须建立一些约束条件将一些故障从故障树中去除。

约束条件是指：

（1）某些故障事件发生的概率。

（2）不可能发生的故障事件，将小概率事件近似作为不可能故障事件。

（3）必然事件。

（4）不允许出现的事件。

（5）初始状态。水力机组有数种工作状态，因此应指明与顶事件发生有关的工作状态。

但是在确定约束条件和建立故障树时应注意：小概率事件不等同于小故障事件和小部件事件；小概率事件如果发生会造成重大事故的，就要考虑；建立故障树时，故障定义必须明确，避免多义性；建立故障树时，先找主要的故障链，然后细化、细分；逻辑关系必须严密。

水力机组的系统故障就是顶事件，将水力机组的温升、振动、电气故障作为故障树的第二级。水力机组的振动包括机械振动、水力振动、电气振动，它们可以作为故障树的第三级，机械振动中的转子故障、轴承故障作为机械振动故障的第四级，转子故障中转子质量不平衡、大轴弯曲、法兰不对中、大轴法兰螺丝松动、泄水锥松动作为故障树的第五级。同样将电气振动层层分解，定子迭片松动、电磁拉力不平衡作为故障数的第四级。对故障树其他分支进行同样的层层分解，就可以建立如图 3.27 所示的故障树。

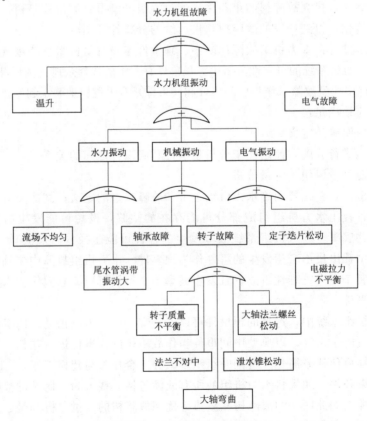

图 3.27　水力机组故障树建立

2. 故障树分析法应用的符号

故障树分析法中常用的符号可以分为两类，代表故障事件的符号和联系事件之间的逻辑符号。表 3.3 和表 3.4 分别为常用的逻辑门符号和故障事件符号。

表 3.3　　　　　　　　　逻 辑 门 符 号

分类	国际符号	常用符号	代 表 含 义
逻辑门符号			与门：输入事件同时发生才能使输出事件 Z 发生
			非门：输出事件是输入事件的对立事件
			或门：当输入事件只要一个发生，那么输出事件 Z 就发生
			异或门：表示只有当输入事件一个发生而另一个不发生时，输出事件 Z 才发生，也就是当输入事件不同时发生或不同时不发生时，发生输出事件 Z
			当禁止条件事件发生时，即使有输入事件，也无输出事件，当打开条件事件发生时，输入事件的发生才能导致输出事件的发生

表 3.4　　　　　　　　　故 障 事 件 符 号

分类	常用符号	代 表 含 义
故障事件符号		顶事件符号：最不希望出现或最不可能出现的事件
		中间事件符号：位于顶事件和底事件之间的事件，该事件可以被继续划分
		底事件符号：故障树中不需进一步划分的基本故障事件

59

分 类	常 用 符 号	代 表 含 义
故障事件符号	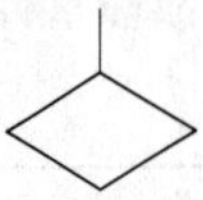 ◇	不完整事件符号：缺乏条件而不能进一步分析的事件
	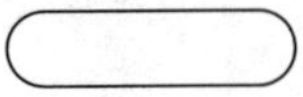 ▭	条件事件符号：当该符号中的条件满足时，对应的逻辑门才起作用
	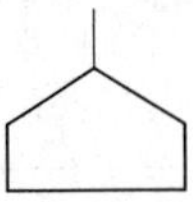 ⬠	开关事件符号：在正常工作条件下必然发生或不发生的特殊事件

3. 故障树的简化

在分析系统故障时，最初建立的故障树往往不是最简的，可以将之简化。常用的简化方法是借助逻辑代数的逻辑法则进行简化。

由于故障树是由构成它的全部底事件的"或"和"与"的逻辑关系连接而成的，因此可以用结构函数给出故障树的数学表达式，以便于对故障树作定性分析和定量分析。

机组故障称为故障树的顶事件，以符号 T 表示，机组个别部件的故障称为底事件，如只考虑故障和正常两种状态，则底事件定义为

$$x_i = \begin{cases} 1, & \text{当第 } i \text{ 个底事件发生时（出现故障）} \\ 0, & \text{当第 } i \text{ 个底事件不发生时（正常状态）} \end{cases} \quad i = 1, 2, \cdots, n \quad (3.107)$$

用 Φ 表示顶事件的状态，则 Φ 必然是底事件状态的函数。

$$\Phi = \Phi(x_1, x_2, \cdots, x_n)$$

同时

$$\Phi = \begin{cases} 1, & \text{当顶事件发生时（出现故障）} \\ 0, & \text{当顶事件不发生时（正常）} \end{cases}$$

则 $\Phi(x)$ 就是故障树的结构函数。

图 3.28 所示的与门故障树的结构函数为

$$\Phi(x) = \prod_{i=1}^{n} x_i$$

图 3.29 所示的或门故障树的结构函数为

$$\Phi(x) = \sum_{i=1}^{n} x_i$$

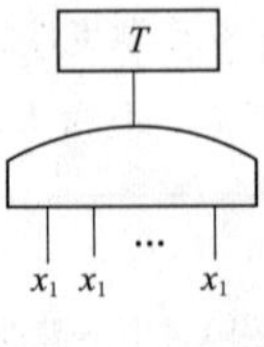

图 3.28 与门故障树 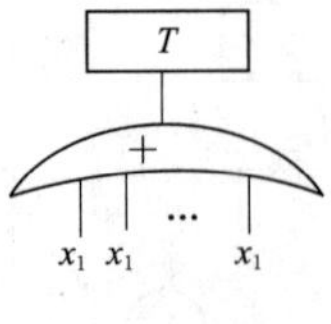　　图 3.29 或门故障树

也可以写为

$$\Phi(x) = \sum_{i=1}^{n} x_i = 1 - \prod_{i=1}^{n} (1 - x_i)$$

对于图 3.30 的故障树进行简化：

$$T = x_1 x_2 x_3 = x_1(x_1 + x_4) x_3 = (x_1 + x_1 x_4) x_3 = x_1 x_3 \tag{3.108}$$

简化后的故障树如图 3.30 所示。

4. 故障树的定性分析

对故障树作定性分析的主要目的是分析系统出现某种故障有多少可能性。如果某几个底事件的集合失效时，将引起机组系统发生故障，则称这个集合为最小割集。也就是说，一个割集代表了子系统发生故障的一种可能性，即一种失效模式；与此相反，一个路集，则代表了系统正常的可能性，即机组系统不发生故障的底

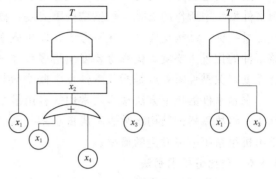

图 3.30 故障树简化

事件的集合。一个最小割集则是指包含有最少数量，而又最必需的底事件的割集，而全部最小割集的完整集合则代表了机组的全部故障。

最小割集描述了处于故障状态的水力机组中必须修理的故障，指出了机组系统的薄弱环节。最小割集的求取方法很多，目前常用的有两种方法，即塞迈特里斯算法和富塞尔算法。塞迈特里斯算法（上行法）是由塞迈特里斯（Semanderes）研制的最小割集法。其算法：对给定的故障树从最下一级中间事件开始，如中间事件是以逻辑与门把底事件联系在一起，用与门结构函数式；如中间事件与底事件是逻辑或门联系，用或门结构函数式，依次往上，直至顶事件，运算结束。在运算中，遇到相同的底事件则用布尔函数简化。

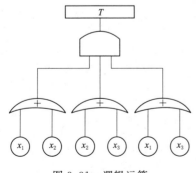

图 3.31 逻辑运算

如图 3.31 的故障树所示，可以写出：

$$\begin{aligned} T &= (x_1 + x_2)(x_2 + x_3)(x_3 + x_1) \\ &= (x_1 x_2 + x_1 x_3 + x_2)(x_3 + x_1) \\ &= x_2 x_3 + x_2 x_1 + x_3 x_1 \end{aligned} \tag{3.109}$$

由此可得到 3 个割集，运用逻辑运算简化，上面的 3 个割集也是该故障树的最小割集。

富塞尔（Fussell）算法（下行法）是根据范斯莱编制的求最小割集计算机程序算法。根据故障树中的逻辑或门会增加割集的数目，逻辑与门会增大割集容量的性质，从故障树的顶事件开始，由上到下，顺次将上级事件置换成下级事件，遇到与门输入横向并列写出，遇到或门则将输入事件竖向串列写出，直至将故障树的全部逻辑门置换成底事件为止，由此可以得到故障树的割集。得到故障树的割集后，并不一定是故障树的最小割集，因此，

对得到的割集必须应用逻辑运算进行简化以得到故障树的最小割集。

5. 故障树定量分析

故障树定量分析的主要任务是根据结构函数和底事件（即水力机组的基本故障）的发生概率，应用逻辑与、逻辑或的概率计算公式、定量地评定故障树事件发生的概率。

故障树定量分析的另一个任务就是重要度的计算，重要度就是指底事件的发生在顶事件发生中所作的贡献，包括结构重要度、概率重要度和关键性重要度等 3 个不同的定量指标。结构重要度：在不考虑其发生概率值情况下，观察故障树的结构以决定该事件的位置重要度。概率重要度是指底事件发生概率变化引起顶事件发生概率的变化程度。关键性重要度是指顶事件发生概率与某底事件概率变化率之比。

求顶事件的概率方法很多，常用的有由最小割集结构函数求顶事件的故障概率的算法。将故障树的结构函数表示成最小割集和的形式，然后应用概率计算的基本公式求出机组系统故障发生的概率。

3.3.6　对比分析识别法

在故障机理的研究基础上，通过计算分析、实验研究、统计归纳等手段，确定与有关状态的特征作为标准模式，在水力机组运行过程中，选择某种特征量，根据变换规律和参考模式对比，用人工方法进行判别。

在机组运行过程中，常采用频谱仪分析振动信号幅值谱的谱峰和频率位置的变化，与标准对比，可以判别运行工况的正常与异常，识别某些故障的原因。

这类方法依据于两个条件：一是运行人员的技术水平，要求技术人员具有扎实的基础知识、较宽的专业知识面、能够灵活使用测试仪器；二是对机组参数和机组运行历史有一定的了解。

第4章 故障诊断专家系统

4.1 专家系统概述

4.1.1 专家系统的定义

专家系统（expert system，ES）是人工智能的一个分支领域，在自然科学、社会科学、工程技术的各个领域得到了广泛的应用，是人工智能领域中最具有吸引力、最成功的研究领域。

20世纪60年代中期，人工智能由追求通用的一般研究转入特定的研究，产生了以专家系统为代表的基于知识系统的各类人工智能系统。1965年，斯坦福大学教授费根鲍姆（E. A. Feigenbaum）开创了基于知识系统的专家系统这一人工智能研究的新领域。他与研究人员共同开发的根据化合物的分子式及其质谱数据帮助化学家推断分子结构的计算机程序系统 DENDRAL，标志着专家系统的诞生。

专家系统的发展可以分为孕育（1965年以前）、产生（1965—1971年）、成熟（1972—1977年）和发展（1978年至今）4个阶段[15]。在70年代专家系统的成熟期，专家系统的概念与观点逐渐大众化，先后出现了一批较成熟的专家系统，主要是在医学领域，代表性的有 MYCIN、CASNET、PROSPECTOR 等专家系统。这一时期的专家系统与第一代系统相比具有多数使用自然语言对话、多数系统具有解释功能、采用了似然推理技术等特点。

进入80年代后，专家系统的应用范围更加广泛，已扩展到军事、空间技术、建筑设计和设备诊断等方面。在设备的故障诊断领域中，近几年我国也开发了一些专家系统，主要是针对汽轮发电机组开发的故障诊断专家系统。水力机组的结构与运行原理同汽轮发电机组相似，但也有不同之处，因此水力机组故障诊断的研究既具有一定的理论基础，又具有很大的必要性。

专家系统发展到现在，已经得到许多领域专家的认可，但是对于专家系统的定义到目前为止还没有一个统一的说法。第一种意见认为：专家系统是利用公认、权威的知识来解决特定领域中的实际问题的计算机程序系统，可以根据人为提供的数据、事实和信息，结合系统中存储的专家经验或知识，运用一定的推理机制进行推理判断，最后给出一定的结论和用户解释以供用户进行决策。

第二种意见认为：专家系统是一个具有知识库和具体计算机的系统，其知识库中的知识来源于某领域专家的技能和经验；可以对某一任务提出建议或给出合理的决策；能判断自己的推理路线并以简明的形式显示出来；常采用基于规则的程序设计。

第三种意见认为：专家系统是一个利用知识和推理的智能计算机程序，它的目标是解决人类专家很难解决的一些问题；专家系统中的知识由事实和启发式信息构成，其事实构成了共享的、且为专家认可的知识信息体；专家系统的启发式信息则是一些独特的推理规则，如似然推理规则、优化猜测规则等。

上述对专家系统的理解都有两个概念——知识、推理的智能程序。因此可以引用专家系统创始人费根鲍姆（E. A. Feigenbaum）的一段话来说明什么是专家系统："专家系统是一个智能计算机程序，它利用知识和推理过程来解决那些需要大量的人类专家知识才能解决的复杂问题。所用的知识和推理过程可认为是最好的领域专家的专业知识的模型"。

一般而言，专家系统具有如下特点：

（1）像人类专家一样可以解决一些困难问题。

（2）以知识为基础。

（3）用适当的方式进行人机交流，包括使用自然语言。

（4）具有专家水平的专门知识。专家系统所具有的知识面可以很窄，但针对某个特定领域，必须要有专家的水平。

（5）具有符号处理的能力。专家系统能采用符号准确地来表示领域有关的信息和知识，并对其进行各种处理和推理，这里用符号表示的知识和信息超越了数据的范畴。

（6）具有一般问题的求解能力。专家系统具有一种公共的智能行为，能做一般的逻辑推理、目标搜索和常识处理等工作。

（7）具有一定的复杂度与难度。专家系统所处理的知识都是专门的领域知识。若领域问题不具有一定的复杂度与难度，则不需要专家来解决。

（8）具有解释功能。专家系统在解题的过程中，应能解释获得结果的原因。这就是专家系统的透明性。

（9）具有获取知识的能力。与人类专家一样能通过学习不断丰富自己的知识和扩充知识库，高级专家系统也应有进一步不断获取知识的能力。

（10）具有自学的能力，能从系统运行的经验中不断总结新知识和更新老知识。目前，该能力还是停留在初级阶段，还没有找到更好的学习方法。

（11）具有较好的可扩充性与可维护性，因为专家系统一般都把程序的控制和推理机构与知识分离，相对地互相独立。

专家系统是一种智能的计算机程序，而这种智能计算机程序不同于传统的计算机程序。专家系统可以表示为

$$知识＋推理＝专家系统$$

而传统计算机程序为

$$数据＋算法＝程序$$

专家系统与传统计算机程序的区别：

（1）总体上说，专家系统是一种属于人工智能范畴的计算机应用程序，人工智能的各种问题的求解策略和方法都适用于专家系统。专家系统使用的求解方法不同于传

统应用程序的算法。专家系统求解的问题是不良结构或不确定性的问题，而传统的程序求解的是确定的常规类问题。

（2）从功能看，专家系统模拟的是人类专家在问题领域上的推理，而不是模拟问题本身。传统的程序是通过建立数学模型去模拟问题领域。

（3）从组成结构上，专家系统解决问题有三要素：描述问题状态的综合数据库或全局数据库，存放启发式经验知识的知识库，以及对知识库中的知识进行推理的推理机。知识库的知识与领域专家密不可分，需要经常地补充和修正，它同推理机相互独立，增加了系统的灵活性。传统的计算机程序只有数据级和程序级两级结构，将描述算法的过程性计算信息和控制性判断信息一起编码在程序中，缺乏专家系统的灵活性。

总之，专家系统是使用某个领域专家的领域知识来求解问题，而不是使用某些从计算机科学和数学中推导出的与领域相关性不大的方法来求解问题。

4.1.2 专家系统的结构

专家系统是求解某一领域的智能计算级程序，因此专家系统应具备以下几个功能：

（1）存储问题求解所需的知识。

（2）存储具体问题求解的初始数据和推理过程中涉及的各种信息，如中间结果、目标、子目标以及假设等。

（3）根据当前输入的数据，利用已有知识，按照一定的推理策略，去解决当前实际问题，并可以控制和协调整个系统。

（4）能够对推理过程、结论或系统自身行为做出必要的解释，如解题步骤、处理策略、选择处理方法的理由、系统求解某种问题的能力、系统如何组织、管理其自身知识等。这样既便于用户的理解和接受，同时也便于系统的维护。

（5）提供知识获取、机器学习以及知识库的修改、扩充和完善等维护手段。只有这样才能更有效地提高系统的问题求解能力及求解准确性。

（6）提供一种用户接口，既便于用户使用，又便于分析和理解用户的各种要求。

一个完整的专家系统必须具有以上的功能，因此可以决定一般的专家系统的结构。专家系统结构有 3 种：基本型、一般型和理想型。

图 4.1 给出了专家系统结构的基本型，它包括两个主要部分：知识库和推理机。这种结构比较简单，知识工程师与领域专家直接交互，收集与整理领域专家的知识，将其转化为系

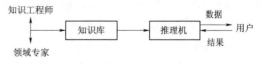

图 4.1 专家系统结构基本型

统的内部表示形式并存放到知识库中；推理机根据用户的问题、求解要求和所提供的初始数据，运用知识库中的知识对问题进行求解，并将产生的结果输出给用户。

图 4.2 给出了专家系统结构的一般型。以 MYCIN 为代表的基于规则的专家系统（rule‐based expert system）采用了这种结构，这种结构是由所谓的产生式系统发展起来的，在目前专家系统建造中比较流行。这种结构包括 6 个部分：知识库、推理

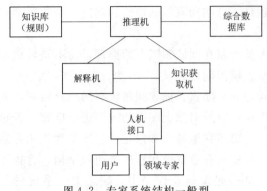

图 4.2　专家系统结构一般型

机、综合数据库、解释机、知识获取机及人机接口。其中知识库、推理机和综合数据库是目前大多数专家系统的主要内容。

（1）知识库（knowledge base）。用以存放领域专家提供的专门知识。这些专门知识包含与领域相关的书本知识、常识性知识以及专家凭经验得到的试探性知识。专家系统的问题求解是运用专家提供的专门知识来模拟专家的思维方式进行的，这样知识库中拥有知识的数量和质量就成为一个专家系统中系统性能和问题求解能力的关键因素。因此，知识库的建立是建造专家系统的中心任务。

（2）推理机（inference engine）。在一定的控制策略下针对综合数据库中的当前信息，识别和选取知识库中对当前问题求解有用的知识进行推理。在专家系统中，由于知识库中知识往往是不完整的和不精确的，因而其推理过程一般采用不精确推理。

（3）综合数据库。用于存放关于问题求解的初始数据、求解状态、中间结果、假设、目标以及最终求解结果。

（4）解释机。根据用户的提问，对系统提出的结论、求解过程以及系统当前的求解状态提供说明，便于用户理解系统的问题求解过程，增加用户对求解结果的信任程度。在知识库的完善过程中便于专家或知识工程师发现和定位知识库中的错误，便于领域的专业人员或初学者能够从问题的求解过程中得到直观学习。

（5）知识获取机。在专家系统的知识库建造中用部分程序代替知识工程师进行专门知识的自动获取，实现专家系统的自学习，不断完善知识库。

（6）人机接口（man – machine interface）。将专家或用户的输入信息翻译为系统可接受的内部形式，把系统向专家或用户输出的信息转换成人类易于理解的外部形式。

上述的两种专家系统的结构只是各应用领域类专家系统的基本和核心。对于水力机组的故障诊断专家系统而言，其组成除了上述 6 个部分外，还应该包括在线监测子系统、机组实际参数库、征兆事实库、信号分析程序、征兆获取程序、故障处理程序和监测数据库。

图 4.3 是水力机组故障诊断专家系统示意图，图中各部分功能介绍如下：

（1）机组参数库：用于存放机组有关的结构和功能参数（如水力机组的设计参数）以及机组过去运行情况的背景信息。

（2）诊断知识库：诊断知识库是机组故障诊断专家系统的核心，也是机组故障诊断专家系统性能的瓶颈。其用于存放水力机组领域专家的各种与机组故障诊断有关的知识，包括机组征兆、控制知识、经验知识、对策知识和翻译程序。这些知识是由知识工程师和水力专家合作获取到的，并通过知识获取模块按一定的知识表示形式存入

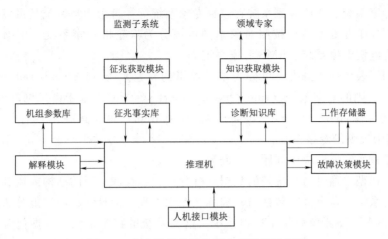

图 4.3 水力机组故障诊断专家系统示意图

诊断知识库中。

（3）征兆获取模块：采用一定的征兆获取方法，对监测数据库中的数据进行分析，获取征兆。常用的方法为时域提取和频域提取。但亦可研究利用小波分析来提取故障征兆。

（4）知识获取模块：知识获取模块负责对诊断知识库进行维护和更新，包括知识的输入、修改、删除和查询等管理功能及知识的一致性、冗余性和完整性等维护功能。同时，将机组发生的且以前没有遇到过的新情况补充到知识库中。

（5）推理机：推理机是一组程序，用于控制系统的运行。利用诊断知识库的知识，并提取征兆事实库的事实按照一定的问题求解策略进行推理诊断，最后给出诊断结果。诊断推理模块是诊断系统的关键，它的推理模式和推理依据对诊断的准确性起决定作用。它可分为自动诊断和人工干预诊断。自动诊断不需要人工干预，所有过程均由系统自动完成，并最后给出诊断结果和诊断解释。人工干预诊断需要用户提问，获得更多的征兆信息，以便更精确地进行诊断。

（6）解释模块：负责对用户提出的问题进行解释，并给出诊断依据。其是用户了解诊断结果并对诊断结果可靠性进行判断的依据。

（7）故障决策模块：根据诊断结果给出系统应采取的措施。

（8）人机接口模块：用于用户、专家和知识工程师与机组诊断系统进行交互。将用户输入的信息转换成系统能辨认的信息，同时将系统信息转换成用户易于理解的外部表示形式（图形、图表、表格、自然语言等）。

4.1.3 专家系统的分类

专家系统可以按照多种不同的方法进行分类。

按照推理控制策略分类，可分为正向推理专家系统、反向推理专家系统、元控制专家系统等。

按照专家系统的应用领域来分类，可分为医疗专家系统、勘探专家系统、石油专家系统、数学专家系统、物理专家系统、化学专家系统、气象专家系统、生物专家系统、工业专家系统、法律专家系统、教育专家系统等。每个大类系统又可以分为若干个小类，例如工业专家系统按照对象不同可以分为汽轮机专家系统、压缩机专家系统、水轮发电机专家系统、FMS 专家系统等。

按照知识表示技术分类，可分为基于逻辑的专家系统（logic‐based expert system）、基于规则的专家系统（rule‐based expert system）、基于语义网的专家系统、基于框架的专家系统（frame‐based expert system）等。其中比较有代表性的是 MYCIN 基于规则的专家系统。

按照专家系统所解决的问题性质分为：

（1）解释型。通过对采集到的数据进行分析，解释深一层的结构或内部可能发生的情况等的系统。这个范畴包括语言理解、图像处理、信息解释和智能分析。语言理解系统 HERASAY 系统就属于这类系统。这类系统的特点是输入数据包含许多干扰因素。

（2）诊断型。根据输入信号找出处理对象存在的故障，并给出排除故障方案的系统。此类系统主要应用于医学、电子、机械和软件等的诊断。例如，治疗细菌感染的系统 MYCIN，计算机硬件故障诊断系统 DART，旋转机械故障诊断专家系统 DIVA。这类系统的特点是故障与现象之间一般没有一一对应关系。

（3）预测型。根据处理对象过去和现在的情况推断未来的可能结果的系统。这个范畴包括天气预报、人口预演、交通预报、农业产量估计和军事预测等。这类任务的特点是事件和数据随时间变化。

（4）设计型。根据设计要求制定方案或图样的系统。这类问题包括线路设计、建筑物设计、财政方案设计等。这类系统的特点是设计要求与设计构件不匹配，并且多项设计要求之间存在重叠或隐含联系。

（5）规划型。根据给定目标拟定行动计划的系统。这类问题包括自动程序设计、机器人、线路、通信、实验和军事计划等。这类任务的特点是目标的描述通常是含糊的，目标与可行操作之间并不一定完全匹配，并且各种操作之间可能相互制约或抵消。

（6）监测型。将监测对象的行为同期望行为进行比较，实施监测系统的工作。这类问题包括核电站、机场调度、病人监护等。例如，核反应堆事故诊断与处理系统 REACTOR。这类系统特点是实时性强，要求及时收集处理对象以各种方式发出的有意义的信号，快速鉴别信号异常原因，并及时准确地确定是否需要报警。

（7）教学型。是诊断型和调试型的结合，主要用于教学和培训任务。这类专家系统不但能对领域知识进行传授，而且能对学生提问，指出学生回答中的错误，并进行解释、分析错误的原因以及指导纠正错误等。

（8）调试型。根据计划、设计和预报的能力，对诊断出的问题产生修正或建议，即给出已确认故障的解决方案。

（9）维修型。根据纠错方法的特点，制定并执行已诊断出问题的修正计划。这类问题包括自动化、航天控制系统等。这类系统必须根据对象的特点，从多种纠错方案中选择最佳方案。

（10）控制型。完成实时控制任务，它们大多是监测型与维修型的结合体。

按照所采用的推理技术分类，可分为确定理论推理技术专家系统、主观 Bayes 推理技术专家系统、可能性理论据理技术专家系统、D－S证据理论推理技术专家系统等。

按照专家系统的结构分类，可分为单专家系统和群专家系统（也称协同式多专家系统）。而群专家系统按其组织方式又可分为主从式、层次式、同僚式、广播式以及招标式等。

对于确定的专家系统，可能属于一种专家系统，也可能属于两种或两种以上。它们之间互相交叉，兼有多种类型的功能。上述专家系统的分类只是为了更好地理解专家系统。

水力机组故障诊断专家系统示意图如图 4.3 所示，在求解问题的分类上，它具有解释型、预测型、监测型、诊断型、调试型以及维修型的全部或部分功能。

4.1.4 水力机组专家系统

水力机组故障诊断系统所采用的方法有模糊逻辑法、故障树分析法、专家系统、神经网络等。其中专家系统与其他诊断方法相比具有以下优点：

（1）适应性强。专家知识在任何计算机硬件上都是可利用的，专家系统是专家知识的集成体。

（2）持久性。专家知识是持久的，不像领域专家那样会退休，或者死亡，专家系统的知识会无限地持续，而且可以不断地更新学习。

（3）低成本。提供给用户的专家知识成本非常低。

（4）具有很大的经济效益和社会效益。

（5）低危险性。专家系统可用于噪声大的环境。

（6）响应快。迅速或实时的响应对某些应用来讲是必要的。依靠所使用的软件或硬件，专家系统可以比专家反应得更迅速和更有效。某些突发的情况需要响应得比专家更迅速，因此实时的专家系统是一个好的选择。

（7）高可靠性。专家系统可增强运行人员正确决策的信心。这是由专家系统提供一个辅助解释、决策观点得到的。此外，专家系统还可协调多个专家的不同意见。不过，当专家系统是由某一个专家独自编程设计的，那这个方法有可能失效。如果专家没有犯错误的话，专家系统应该始终与专家意见一致。

（8）专家知识复合。复合专家知识可以做到在一天之内的任何时候同时和持续地解决某一问题。由几个水力领域专家复合起来的知识，其专家水平可能会超过一个单独的专家。

（9）具有解释、说明功能。专家系统能明确、详细地解释导出结论的推理过程，但是对于专家或其他人员有可能会对详细步骤说明感到厌烦、不情愿甚至可能没有能力去这样做。明确、详细的解释有利于用户做出正确的决策。

（10）响应过程稳定、完整。在实时和突发情况下，领域专家可能由于压力或疲劳而不能高效地解决问题，甚至可能会导致错误的决策。专家系统是一个智能的计算机程序，它的响应稳定。

（11）智能知识库。专家系统能以智能的方式来存取一个知识库或数据库，同一领域内不同专家开发的知识库可以互相融合。

（12）知识系统化。开发专家系统的过程中，专家知识必须以精确的形式输入到计算机中，所以领域知识要被明确地了解而不是被隐含于专家的脑海中。这样，对领域知识的正确性、一致性和完整性的检查就把知识进行了系统化。

由于专家系统的优越性，对它的研究开展得也比较多。在水力机组故障诊断领域中，对专家系统的研究开展得比较晚，而且开发出来的专家诊断系统是非自主性，需要人为的参与和干涉。同其他领域的专家系统一样，水力机组故障诊断专家系统研究的主要有 5 个方向。

（1）故障机理。故障机理的研究就是研究故障发生的原因、故障传播的途径、故障发生的特征等。

（2）知识获取。知识获取就是研究如何将专家头脑中的领域知识转移和转换到计算机中，这一步骤是诊断专家系统的瓶颈。知识获取是专家系统中最重要的研究课题。

（3）知识表示。知识表示是用计算机能够接受并处理的符号和方式来表示领域专家的知识，它是交叉于人工智能与认知科学之间的一项重要研究课题。它不仅涉及信息以何种方式存放于人类大脑，而且研究大量知识在符号计算中以何种形式进行描述。

（4）不确定性推理。不精确、不完全、概念模糊等统称不确定。不确定性推理是指依据不确定的证据和事实，利用不确定的知识、通过不确定的推理过程，推得不确定但近似合理的结论。不确定性推理的主要研究内容是在基本的推理方法基础上，研究不确定测度的表示方法与理论，以及不确定测度在推理过程中的传播与控制。

（5）推理控制策略。控制策略指推理按什么次序来进行，其涉及问题求解领域的规划与控制，涉及在解的过程中如何和何时选用知识库中的知识。

上述 5 个是主要的研究课题，但是对于故障诊断专家系统而言，还有其他领域需要深入研究，如专家系统的解释机制、专家系统的构造、知识库的管理与维护等。

故障诊断专家系统随着其他相应科学技术的发展，也在不断地发展。由原来的单模式专家系统向集成式专家系统发展，根据专家系统的不同子系统和不同问题特点采用不同的推理模式，甚至采用混合推理模式，不同的推理模式发挥不同的作用，从而达到快速准确地求解问题。

未来的故障诊断专家系统是基于网络的远程诊断系统。现在的诊断专家系统是面向单机组、单电厂，随着远程技术的完善和 Web 网的普及，专家系统将向网络化发展。知识库、综合数据库等可以实现资源共享，从而加速了知识库、综合数据库等的建造和维护。

4.2　知识表示与获取

4.2.1　知识表示

水力机组故障诊断专家系统的研究致力于在水力机组的故障诊断领域内建立高性能智能程序，其实质就是把水力机组的故障诊断领域问题求解有关的知识有机地结合到程序设计中，使程序能够像水力专家一样进行推理、学习、解释，实现问题求解。诊断专家系统的研究和设计重点在于知识处理，包括知识的获取、表示和运用3个核心环节。知识表示主要研究用什么样的方法将求解问题所需知识存储在计算机中，开发操作这些知识的推理过程，使知识表示和运用知识的推理控制相融合，便于计算机处理。

在故障诊断专家系统中，知识表示模式的选择不仅对知识的有效存储有关，也直接影响着系统的知识获取能力和知识的运用效率，因而，知识表示是知识工程中最基本的问题之一，也是专家系统研究的最热门课题。

4.2.1.1 概述

知识是专家系统的核心。机组故障诊断专家系统的性能取决于系统所拥有知识的质量和数量。系统的工作过程是一个获取知识并应用知识的过程。

1. 数 据

知识处理中的数据比数学中的数据具有更广泛的含义。我们把数据确切地定义为"客观事物的属性、数量、位置及其相互关系等的抽象表示"。

例如，符号10，12，1010，A等都可表示数据"十"，它既抽象地表示振动幅值10（mm），也可表示轴承温度升高10℃。

2. 信 息

我们定义信息为"数据所表示的含义（或称数据的语义）"。信息是对数据的解释，是加载在数据之上的。反过来说，数据是信息的载体。"10"抽象地表示振动幅值10（mm），也可表示轴承温度升高10℃。这说明同样一个"数据"在不同的场合可以有不同的解释，或者说负载着不同的信息。一个信息可用一组叙述词及其值来描述：

（叙述词1：值1…，叙述词n：值n）

它描述一件事、一个物体或一种现象的有关属性、状态、地点。

例如，"水力机组顶盖振动剧烈"可描述为"物体：水力机组，部位：顶盖，状态：振动，程度：剧烈"。

3. 知 识

所谓知识是人们在改造世界的实践中所获得的认识和经验的总和，它是人类进行一切智能活动的基础。有了知识，人类才可以处理各种问题。关于知识的确切定义至今尚未形成，比较有代表性的几种定义方式有：①E. A. Feigenbaum 认为知识是经过整理、加工、解释和转换的信息；②F. Hayes - Roth 认为：知识＝事实＋信念＋启发式。

知识的定义虽然有不同形式，但都可以由 F. Hayes - Roth 提出的三维空间来描述，如图4.4所示，知识的范围，从具体到一般；知识的目的，从说明到指定；知识的有效性，从不准确到准确。

知识按照层次可分为元知识、领域知识、信息、数据（图4.5）。数据是最底层的知识形式，信息是数据所表示的含义。领域知识是指故障诊断专家系统在进行故障识别时所用的知识，主要是专家的启发性经验知识，表示诊断对象的故障和故障识别之间的对应关系。

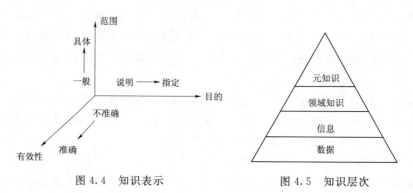

图 4.4　知识表示　　　　　　图 4.5　知识层次

下例就是领域知识：

IF 300～500Hz　THEN 水轮机气蚀

IF（0.25～0.50）转频　THEN 机组涡带振动

IF 2 倍电流频率　THEN 发电机定子合缝松动

最高层是元知识（metaknowledge）。元知识是关于如何有效地选择和使用领域知识的知识，它是关于知识的知识。一个水力机组故障诊断专家系统可以设计为具有几个不同型号机组的知识，元知识可以决定具体对待对象时应用哪个知识库。比如：设计有混流式、轴流式、贯流式水轮机时，诊断混流式水轮机时，就要选择混流式知识库。

通常把元知识分为两类：一类是关于我们知道知识的知识，这类知识刻划了领域知识的内容和结构的一般特征，如知识产生的背景、范围、可信程度等；另一类是关于如何运用知识的知识，如在问题求解当中所采用的推理方法，为解决一个特殊任务而必须完成的活动的计划、组织和选择方面的知识。近年来，元知识的开发与运用逐渐引起了人们的重视。它是提高专家系统性能的一种有效途径，并成为新一代专家系统的一个重要标志。

知识可分为先验知识和后验知识。先验知识（Priori）来自于拉丁文，意思为"超前的"。这种知识是不依赖于感觉器官而获得的知识。例如，水轮机将水能转换为机械能是遵循能量守恒定律的。与先验知识相反的是由感觉器官所获得的知识，即后验知识。后验知识的正确与错误可以用感觉经验来证明。

知识可以进一步划分为过程性知识（procedural knowledge）、说明性知识（declarative knowledge）和默认性知识（tacit knowledge）。过程性知识常常是指知道如何做某事，例如知道如何调整水轮机导叶开度来保证一定的出力。说明性知识是指知道某事是对的还是错的，它常用说明语句的形式来表达知识，例如"机架振动过大时，可调整出力"。默认性知识由于不能用语言来表达，常被称作无意识的知识（unconscious knowledge）。

知识按其含义大致可分为事实、规则、规律、推理方法。事实是对客观事物属性的值的描述。一般这种知识中不含任何变量，可以用一个值为"真"的命题来表达。

例如"水是可压缩的""水轮机转速是 135（r/min）"等都是事实。规则是可分解为前提（或条件）和结论（或动作）两部分，且能表达因果关系的知识，一般形式为：如果 A 则 B，其中 A 表示前提，B 表示结论。规律是事物之间的内在的必然联系。在上述形式的规则里，根据其适用范围，可细分为（前提或结论中）不带变量的规则和带变量的规则两种，我们一般把带变量的规则称为规律，规则中的变量一旦被实例替换为一个具体值，规律就变成一条具体的不带变量的规则。推理方法是一种很重要的知识，它可以从已知的知识推出新知识。推理方法包括演绎推理、归纳推理、联想和类比、综合与分析、预测、假设与验证、直觉与灵感。

从知识的确定程度来分类，知识可分为确定性知识和不确定性知识两类。确定性知识可以用经典逻辑命题（有唯一真或假的陈述语句）来描述，是一类"非真即假"的知识。反之，若知识并非"非真即假"，可能处于某种中间状态，这种知识称为不确定性知识，这类知识往往要用模糊命题或模态命题来表达，例如"水导摆度过大"。

从知识的应用范围可分为一般知识与专业知识两类。一般知识包括与领域问题求解有关的定义、事实和各种理论方法。这种知识为领域内专业人员一致接受、认可，并且往往已收录在教科书或参考书中。专业知识是在已发表的文字材料中难以找到的知识，是凭经验获取的启发性知识。一个专家正是由于他具备了专业知识，才使得遇到复杂问题时能够做出高水平的分析、猜测和识别出可行的求解途径，并有效地处理不完全、不精确甚至有错误的数据，从而解决难题。获取、更新和组织专业知识是建造专家系统的中心任务。

知识按使用范围可分为公共知识（public knowledge）和私有知识（private knowledge）。公共知识是指进行故障诊断时所需的一般知识和方法，它包含了已被广泛应用的定理、经验性知识等。私有知识是指只有专家自己经过长时间的实践摸索积累的大量经验性知识。例如：在定转速的条件下，轴承振动量的一倍频幅值大且相位稳定，专家就可以马上判定机组存在不平衡故障。私有知识使得专家系统的智能性更高。

从知识在问题求解过程中的作用可分为静态知识和动态知识两类。静态知识主要指对象性知识，是关于问题领域内事物的事实、关系等，它包括了事物的概念、事物的分类、事物的描述等。动态知识是关于问题求解的知识，它常常是一种过程，说明怎样操作已有的数据和动态知识以达到对问题的求解，是反映动作过程的过程，如一个问题领域内关于推理路径的方向、推理过程、可理解性等方面的方法等。

知识按表示的形式可分为陈述性知识和过程性知识。陈述性知识用于描述事实性知识，知识描述是静态的。过程性知识用于描述控制策略，说明知识的使用过程，表示形式就是含有一系列操作的计算机程序，知识描述是动态的。

知识具有非常深广的内涵，从不同的角度有不同的分类，但是知识都具有如下的属性：

（1）真假性。知识是对客观事物及客观世界的反映，它具有真假性，可以通过实践检验其真伪，也可以通过逻辑推理证明其真假。

（2）相对性。一般知识不可能无条件的真，即绝对正确，但也不可能无条件的假，即绝对谬误，都是具有相对性的。在一定条件下或特定时刻为真的知识，当时间、条件或环境发生变化时可能变成假。

（3）不完全性。知识往往是不完全的，这里不完全大致分为条件不完全和结论不完全两大类。

（4）具有模糊性和不精确性。现实中知识的真与假，往往并不总是"非真即假"，可能处于某种中间状态，即所谓具有真与假之间的某个"真空度"，即模糊度和不精确度。例如"水头低了，水轮机的出力就小了"。"低了""小了"都是一些模糊概念。在知识处理中必须应用模糊数学或统计方法等来处理模糊的或不精确的知识。

（5）可表示性。知识作为人类经验存在于人脑之中，虽然不是一种物质东西，但可以用各种方法表示出来。一般表示方式包括符号表示法、图形表示法和物理表示法。

（6）可存储性、可传递性和可处理性。既然知识可以表示出来，那么就可以把它存储起来；知识既可以通过书本来传递，也可以通过教师的讲授来传播，还可以通过计算机网络等来传播，知识可以从一种表示形式转换为另一种表示形式；知识一旦表示出来，就可以同数据一样进行处理。

（7）相容性。相容性是关于知识集合的一个属性。即存在于一体（如专家系统的知识库）而不相互矛盾，即从这些知识出发，不能推出相互矛盾的命题。

4.2.1.2 知识表示

知识表示法又称知识表示模式。知识表示是 ES 研究中的一个基本问题。什么是知识表示呢？一般认为知识表示是描述客观世界的一组约定，是知识的形式化或符号化的过程。知识表示方法是研究各种数据结构的设计，并把一个问题领域的知识通过这些数据结构结合到计算机系统的程序设计过程中。知识表示方法的好坏对知识处理的效率和应用范围影响很大，对知识获取和学习机制的研究也有直接的影响。

知识的表示往往与知识的获取和知识的运用结合起来研究，以求知识处理的最佳效果。选择合适的知识表示方法要考虑以下几个方面的因素：

（1）准确性和一致性。表示方法应具备良好的已定义的规则保证推理的正确性，所表示的知识之间不应出现自相矛盾，以便能明确地表示各类知识。

（2）独立性。表示方法对于各类知识的表示机制应该是尽可能避免重复或冗余，使表示方法简单明了。

（3）易理解性。所表示的知识应易读、易懂，便于知识获取、知识库检查、修改及维护。

（4）可访问性。应能有效地利用知识库中的知识。

（5）可扩充性。应能方便、灵活地扩充知识库。

（6）完备性和弱完备性。应能正确地、有效地将问题求解所需的各类知识表示出来。

近年来，知识表示作为人工智能领域中一个专门被研究的课题故而发展很快。专家系统中的各种知识表示方法大致可分为两类：陈述性知识表示法和过程性知识表示法。陈述性表示法，把知识表示成为一个静态的事实集合，并附有处理它们的一些通用程序。过程性表示法，将一组知识表示成如何运用这些知识的过程，粗略地说，一个子程序或一个函数可以是某种知识的过程性表示。

陈述性知识表示的优点是形式简单，采用数据结构表示知识，清晰明确，易于理解，增加了知识的可读性，即模块性好，减少知识间的联系，便于知识的获取、修改和扩充。其缺点是陈述性表示的知识不能直接执行，需要其他程序解释它的含义，因此执行速度较慢。

过程性知识表示的优点是过程性表示的知识可以被计算机直接执行，处理速度快；便于表达如何处理问题的知识；易于表达怎样高效处理问题的启发性知识。其缺点是不易表达大量的知识，且表示的知识难于修改和理解；适合于表示确定性知识；适合于处理完整、准确的数据。

专家系统的知识表示从表示方法上主要有状态空间法、Petri 网、神经网络、语义网络、产生式规则、框架结构法、脚本（script）表示和谓词逻辑等多种知识表示方法。

1. 逻辑表示

逻辑模式是最早广泛用于知识表示的模式，它能够通过计算机作精确处理，其表现方式和人类自然语言又非常接近。

逻辑表示法是人工智能中使用较多的知识表示方法，其中一阶谓词表示法应用最为广泛，这种方法主要用于自动定理证明、问题解答等领域。目前，使用逻辑表示法建造的专家系统还不多见，但随着基于一阶谓词逻辑与归结原理的 PROLOG（programming in logic）语言的推广，使用这种表示方法的专家系统逐渐多起来。

谓词逻辑的合法表达式也称为合式公式 wff（well formed formula），合式公式由原子公式、连接词和量词组成，下面通过举例加以说明。

所谓谓词是刻画个体的性质或几个个体间关系的模式。一般地，包含 n 个个体变元的谓词叫 n 元谓词，如 $P(x1, x2, \cdots, xn)$ 是 n 元谓词。

从逻辑角度来讲，一个命题是相应谓词个体变量取为某个固定值所得。如，定义谓词 $P(X)$：x 是故障，则 P（定子松动）表示是故障；定义谓词 $R(x, y, z)$：$x + y = z$，则 $R(2, 3, 5)$ 表示"2 加 3 等于 5"。进一步，我们可以用逻辑连接词 $\wedge$（合取）、$\vee$（析取）、$\overline{\quad}$（非）、$\rightarrow$（蕴含）等把一些简单命题组合成复杂命题来表示复杂的知识或事实。例如，"导叶开度大流量大"这样一句话，通过定义谓词：$A(x)$：x 导叶开度大，$B(y)$：y 流量大，可以表示为：$A(x) \rightarrow B(y)$。

逻辑表示法的表达能力是很强的，它所表达的范围依赖于原子谓词（不含任何连接词和量词的谓词）的种类和语义，形式上任一谓词合式公式都是由原子谓词经连接词的连接和两种量词的约束而组成的。谓词合式公式可以归纳定义如下：

（1）原子谓词是谓词合式公式的基本单位。

（2）若 A 是谓词合式公式，则 $\overline{A}$ 也是谓词合式公式。

（3）若 A 和 B 都是谓词合式公式，则 A 和 B 与逻辑连接词之间的组合也是谓词合式公式。

（4）只有有限次复合的合式公式才是谓词合式公式。

原子公式是最基本的合式公式，它由谓词、括号和括号中的项组成，其中项可以是常量、变量和函数。例如"立式机组的发电机在水轮机上面"。这一事实可以用原子公式表示为

ON（stand（GENERATOR，TURBINE））

其中，GENERATOR 和 TURBINE 是常量，用英文大写字母书写，表示个体。ON（在上）是谓词，用英文大写字母书写，表示 GENERATOR 和 TURBIN 的关系。stand 是函数，用英文小写字母书写，表示 GENERATOR 和 TURBINE 的类型。

逻辑模式的主要优点可归纳为以下几点：①符号简单，描述易于理解；②自然、严密、灵活和模块化；③具有严密的形式定义；④每项事实仅需表示一次，且利用定理证明技术可以从老的事实推理出新的事实。

其主要缺点有以下几点：①难于表示过程式知识和启发式知识；②由于缺乏组织原则，利用该方法表示的知识库难于管理；③由于弱证明过程，当事实的数目增大时易产生组合爆炸。

用逻辑模式求解一个问题的全过程是：①用谓词演算将问题形式化；②在逻辑表示的形式上建立控制系统；③证明从初始状态到达终结状态（目标）。

2. 框架表示法

框架表示法是 1975 年由美国麻省理工学院提出的，框架一经提出，得到了人工智能领域的广泛重视与研究。一方面这种表示模式一定程度上能正确地体现人的心理反应；另一方面适合于计算机处理，是一种较好的知识表示方法。

框架是把某一关于特殊事件或对象的所有知识存储在一起的一种复杂的数据结构，通常用来描述具有固定形式的对象。一个框架（frame）由一组槽（slot）组成，每个槽表示对象的一个属性，槽的值（filler）就是对象的属性值。一个槽可以由若干个侧面（faces）组成，每个侧面可以有一个或多个值（value）。

框架的结构可表示如下：

<框架名>

槽 1：侧面 11<值 111，值 112…值 $11n$>

侧面 12<值 121，值 122…值 $12n$>

……………………………………………………

……………………………………………………

槽 i：侧面 i1<值 i11，值 i12…值 $i1n$>

相互关联的框架连接起来组成框架系统，或称框架网。不同的框架网络又可通过信息检索网络组成更大的系统，代表一次完整的知识。

框架可以按应用进行分类：①情景框架（situation frame），特定情景下期望出现的知识；②行为框架（action frame），包含在特定情景下所执行的行为槽；③因果知识框架（causal knowledge frame），它是情景与行为框架的组合，表示因果关系。

以混流式水轮机框架（图 4.6）为例：

该图通过对混流式水轮机框架的构造给出了构造一般知识框架的过程和方法。

框架模式的主要优点有以下几点：①有利于"期望制导"的处理，即在人们所在

的特定环境寻找期望的事情；②给定的
状况下，通过设计能决定其本身的可利
用性或提供其他框架；③知识组织方式
有利于推理。

其主要缺点有以下几点：①许多实
际情况与原型不符；②对新的情况不易
适应。

在基于框架的系统中，在框架网络
上主要有两种活动：①填槽，即对框架
未知内容的槽的填写；②匹配，根据已
知事件寻找合适的框架，用于描述当前

```
名称（name）：                水轮机（turbine）
型号（type）：                 混流式（Francis）
总重（weight）：
        单位（unit）：吨（10³kg）
    值（Value）：未知（unknown）
属性（property）：
        材料（material）：未知（unknown）
        直径（diameter）：
            单位（unit）：毫米（mm）
            值（value）：未知（unknown）
    叶片数（vane number）：未知（unknown）
```

图 4.6 混流式水轮机框架

事件，并对未知事件进行预测。上述两种活动均引起推理，其推理形式有：①继承推
理，即在框架网络中，各框架通过范畴链构成继承关系，在填槽过程中，如果没有特
别说明，子框架的槽值将继承父框架的槽值；②匹配推理，即对于一个给定的事件，
利用部分已知信息选择初始候选框架；③预测、联想与直觉推理，即根据已知的信息
寻找部分匹配的框架，根据观察事实形成合理假设。

4.2.1.3 产生式规则表示

产生式规则表示是目前专家系统中使用最广泛的知识表示法，采用这种表示法的
专家系统称为基于规则的专家系统。产生式规则表示法一般用于所谓的产生式系统。
产生式表示法是一种比较成熟的表示方法，许多著名的专家系统采用了这种表示法，
如 MYCIN 系统等。

一个产生式系统有 3 个基本组成部分：综合数据库（global database）、规则库
（production rules）和控制系统（control system）。

综合数据库是一组描述过程处理对象的符号集合。在处理具体问题时，它用于问
题描述和环境描述，包括与特定问题有关的各种临时信息，记录处理问题的中间结果
和最终结论。例如，水力机组诊断维修问题中，它可以记录某个机组发生故障时的症
状、征兆，以及采集数据、诊断过程、诊断结果等数据和信息。通常把综合数据库称
为短期记忆器或工作存储器。产生式系统对综合数据库的组织、数据表示方法等没有
具体规定，一般根据问题领域的特点选择合适的表示方法，如集合、线性表、链表、
树结构、图等都可用于表示综合数据库中的数据。在建立综合数据库时，应注意使库
中数据便于检索。

规则库是由一组产生式规则组成的，在产生式系统中，一个规则的条件部分通常
是可以和综合数据库匹配的任何模式，通常允许包含变量，这些变量在匹配过程中可
能以不同的形式被约束。而动作部分一般是能引起综合数据库中数据改变的命令或操
作。当综合数据库中数据与某一条规则的条件匹配时，执行该规则的动作部分，并可
以改变综合数据库中的数据。

对于一条规则应该用什么方式表示，产生式系统未作明确规定，因此可以灵活地
选择表示方法。一般而言，在选择规则的表示方式时，尽量做到条件部分和动作部分

的表示法与综合数据库中的数据表示形式保持一致，这样便于规则条件与综合数据库的内容进行比较，判别条件部分是否成立，同时也便于根据动作部分修改综合数据库中的数据。还有，在可以有效表达领域知识的前提下，尽可能使条件部分和动作部分的表示简单化，以便于后续控制系统的推理机去处理有关的规则。

对于规则知识库的组织方式，可根据领域特点去选择合适的方案。比较常用而且简单的方法是按顺序存放所有的规则。但是当规则数目较大时，这种方法给知识的匹配与检索带来不便，需要采取分体存放或采用启发性的组织方式。

与综合数据库不同，规则库中的知识是公共知识，并不是关于某一具体的特定问题，而是针对整个领域问题的知识。例如，水力机组诊断维修问题中，它存储着如何诊断机组故障的知识，这些知识并不是针对某个具体型号或某个具体机组。同综合数据库相比，规则库的知识相对稳定。

规则库是产生式系统的核心，在规则库中，知识以产生式表示，所谓产生式表示，其一般形式为

P→Q

或

IF（P）　　THEN（Q）

其中，P 表示一组前提（条件或状态），Q 表示若干结论（或动作）。其含义是"如果前提 P 满足则可推出结论 Q 或如果前提 P 满足，则执行动作 Q"。条件部分（condition）可以是一个简单的语句，也可以是多个语句的逻辑组合。动作部分（action）称为规则的结论或规则的右部。

例如：

IF 水轮机主轴弯曲或挠曲 or 推力轴承调整不良 or 轴承间隙过大

THEN 水轮机机械振动

IF 主轴法兰连接不紧 or 转动部分不平衡 or 旋转部件与静止部件相摩擦

THEN 水轮机机械振动

IF 300～500Hz　THEN 水轮机气蚀

IF（0.25～0.50）转频　THEN 机组涡带振动

IF 2 倍电流频率　THEN 发电机定子合缝松动

控制系统中的控制推理是产生式系统的整个问题求解过程。它首先把规则库中的条件部分与综合数据库中的内容进行比较，也称为匹配，如果匹配成功，控制系统根据规则中结论或动作部分的描述去修改综合数据库的内容或执行相应的操作。

进一步地说，控制系统根据综合数据库的当前信息，选择决定在当前状态下与综合数据库能够匹配的所有规则，称这些规则为触发规则，然后从被触发的规则中，选择一条规则，称为启用规则，控制系统执行启用规则，并根据启用规则的结论或动作部分修改综合数据库，经修改后的综合数据库又可以触发新的规则，从而使问题求解进行到下一个状态，如此迭代反复，求得问题的最终解。

在问题求解的每一种状态下，与综合数据库匹配的规则可能不止一条，因此需要控制系统采用合适的控制策略以选择一条触发规则作为启用规则，而这一过程称为冲

突消解。

冲突消解的策略通常为：①将所有规则合理排序，选择最先匹配成功的一条规则；②选择优先级最高的规则，这种优先级是系统设计员根据具体任务事先定义的；③选择多条件的规则；④选择未使用或新产生的规则；⑤选择条件中部分含有最新生成事实的规则。

控制系统的工作可以描述为"匹配—冲突消解—操作"的3个周期循环运转，直至解决问题为止。冲突消解策略是控制系统的主要问题之一。

产生式系统相比其他表示方法具有以下的优点：

（1）表示形式具有一致性。规则库中的所有规则具有相同结构，即"IF（P）THEN（Q）"结构，这种特性使产生式系统的正确性和一致性的检查以及产生式系统的自动修改和扩充变得相当容易，同时，这种结构便于控制系统的设计。

（2）自然性。产生式系统的"IF（P） THEN（Q）"结构接近于人类思维和会话的自然形式。如："IF 300～500Hz THEN 水轮机气蚀"。这种结构易于专家对知识进行形式化和编码，而且专家经常用这种结构说明他们在问题求解过程中的分析、综合、推理等行为的知识。因此，产生式表示法容易使知识工程师同专家合作，易于被专家理解。这种规则语言的自然性给专家系统的建造提供了极大的方便。

（3）模块性。规则库中的单条规则作为最小知识单元，它们同控制系统是相互独立的。当某条规则发生变化，那么有可能会改变系统的行为，但不会对规则库的维护产生大的直接影响。因为规则间的联系仅依赖于综合数据库中数据结构，规则本身不能相互调用。模块性使得产生式表示法在大型专家系统的知识库组织、管理和维护中具有很重要的地位，同时这种模块性给知识库的建立、扩充、维护提供了可管理性。

（4）强扩充性。因为使用自然语言，便于增加解释功能。控制过程中的推理步骤简单、独立、清晰。可以对推理过程进行跟踪和解释。

（5）完备性。产生式系统不仅可以表示精确的事实与规则，而且可以附加可信度因子来表示具有不确定性的事实与规则，从而使产生式系统可以进行不精确性推理。

但是，产生式系统也存在不足之处：

（1）处理效率较低。由于规则库的知识具有统一的格式，且规则间的联系必须以综合数据库为媒介，导致产生式系统求解问题的效率不高。原因是系统求解靠一系列的"匹配—冲突消解—操作"的重复迭代来实现，按部就班、循规蹈矩地处理问题。同专家解决问题时采取的启发性方法不同，产生式系统不能根据某些特殊情况采取特殊方法或按照预定的路线快速处理问题。产生式系统的效率问题已成为大型专家系统一个主要研究课题。

（2）推理缺乏灵活性。复杂问题的求解过程中，根据情况应适当改变推理方式，但是产生式系统中控制系统的推理方式的单一性阻碍了这一点的实现。

（3）解释能力的局限性。一般在产生式系统中，解释策略采用跟踪法，这种策略易于实现，也便于理解推理过程。但解释只是反复已启用的产生式，不能对进一步的询问进行应答。

（4）非透明性。虽然个别规则容易理解和定义，但由于规则间的相互独立性，当规则数量增大时，使得规则间关系模糊，系统的功能和行为都难以理解。

（5）依赖性。产生式系统依赖于以往的经验，如果经验少，则产生式系统不能正常工作。

4.2.1.4　语义网表示

语义网络是 1966 年作为人类联想记忆的一个显式心理学模型最先提出来的，经过多年的研究，如今，语义网络这种知识表示方法已成为使用较广泛且越来越受到重视的一种知识表示模式[15]。

语义网络（semantic network）也称为命题网（proportional net）或联系网（associative net）。语义网络是用单一的机制来表达事实性的知识以及这些事实间的联系。在其他不同表示方法中应用不同的手段来实现表达相关事实的知识以及这些事实间的联系。

不管语义网络的具体形式有什么差异，但它们的本质是相同的。从图论的观点来看，一个语义网络就是一个带标识的有向图，有向图的结点表示各种事物、概念、属性及知识实体等。有向图的弧表示各种语义联系，指明所连接的结点间的某种联系。有向图的结点和边都必须带标识，以便区分各种不同的对象之间的联系。

语义网络的优点有以下几点：

（1）自然性。语义网络是一种比较直观的表示方法，用它表示知识容易理解。自然语言与语义网络之间的转换也易实现，便于知识工程师同专家的沟通。

（2）完全性。语义网络是一种强有力的表示方法，用其他形式表示方法表达的知识几乎都可以用语义网络来表示。

（3）联想性。与一个实体相关的事实、特征、属性、关系都可以通过连接该实体结点的各种弧推导出来。

语义网络的缺点有以下几点：

（1）非有效性。语义网络结构的语义解释依赖于操作这些结构的推理过程，但没有这些结构意义上的约定，因此，由语义网络推理的结论不能保证像逻辑系统那样有效。

（2）复杂性。结点与结点的联系可能是简单线状或树状，也可能是网状，甚至可能是递归状，知识存储较为复杂。

（3）推理效率低。当系统语义网络中信息很大时，不论是散射激活，还是系统化匹配的盲目搜索策略，都很费时。必须利用启发性知识加速搜索过程。

4.2.1.5　脚本表示法

脚本（script）理论是由 Schank 于 1975 年提出的。脚本描述的是特定范围内一串原型事件的结构，而不是仅仅描述事情本身，并且在描述时规定了一系列的动作以及进入脚本的条件、原因和有关的决定性步骤的概念。

脚本表示类似于框架表示，一个脚本由一组槽组成，每个槽存放相应的值，这个值可以是缺省值。

脚本主要包括：

（1）线索（track）。关于被特定脚本表达的一个更一般模式的特殊变化。同一脚本的不同线索可以共享很多，但不是全部成分。

（2）进入条件（entry condition）。脚本描述的事件发生的必须条件。

（3）角色（roles）。表达包含在脚本所描述事件中的执行者或发生者。

（4）场次（scene）。事件出现的真实顺序。

（5）支撑物（supporter）。表达包含在脚本所描述事件中的对象槽。

（6）结果（results）。脚本中描述事件出现之后必为真的条件。

脚本描述的是现实事件发生的模式，模式的出现起因于事件之间存在因果关系。行为者从事一项活动是为了接着能从事另一项活动。描述在这一脚本中的事件构成了巨大的因果链。

因果链的始端是进入条件集，触动头事件发生。链的末端是结果集，它们使后随事件或后随事件序列得以出现。因果链内，事件被链接，不但与本事件的前事件链接，而且与本事件稍后发生的事件链接。

4.2.1.6 过程表示法

过程即一个子程序。所谓知识的过程表示就是把知识包含在若干过程之中，每个子程序完成待定的功能或利用知识解决特定问题。可以说过程表示是动态知识的表示模式。

与过程性知识表示相比，陈述性知识表示主要强调知识的表示、用于描述有关处理对象的事实、状态及对象间的关系等。而过程性知识表示则强调知识的利用，即如何找出相关事实，如何去推理等。

过程表示法中的过程逻辑可以分成两部分：一部分是表示知识的数据结构；另一部分是基于这些数据结构的推理或问题求解。前者是过程的说明部分，一个过程精确地告诉先做什么，后做什么，并能决定在不同情况下分别做不同的工作，而且能表示在出现异常情况时如何处理等。显然，对于多个过程组成的系统，每一过程所基于的数据结构（或知识）可以是公用的（public），也可以是私用的（private）。

过程能调用于过程，甚至调用自身（递归调用）。因此过程可以表示十分复杂的知识，可以把过程知识表示成层次嵌套结构。

4.2.1.7 面向对象的知识表示

面向对象技术（object - oriented）的出现使知识易于程序设计，它的出发点和基本原则是尽可能模仿人们认识世界解决问题的方法与过程。因为客观世界是由实体及实体相互之间的关系组成的，所以将实体抽象为对象，实体间的关系映射为对象之间的消息传递。

与客观世界的实体类似，对象不仅有状态，而且有行为。在面向对象的知识系统中，各种资源和智能实体均称为对象。一个对象的状态和对象具有的知识组成了该对象的静态特性，一个对象的知识处理方法和各种操作组成了对象的智能行为。

对象的形式定义为一个四元组：

OB：：=<ID DS MS MI>

其中 OB（Object），一个完整的对象应该由对象的标识符 ID，数据结构 DS，方法集合 MS，消息接口 MI 组成。

对象的标识符 ID（identifier）又称对象名，用以标识一个特定的对象。如水轮机的各部件，轴承、轴、导叶等。

对象的数据结构 DS（data structure）描述了对象当前的内部状态或所具有的静态属性，常用（属性名 属性值）表示。

对象的方法集合 MS（method set）用于描述对象所具有的内部处理方法或对象受理的消息的操作过程，它反映对象本身的智能行为。

对象的消息接口 MI（message interface）是对象接受外部信息和驱动有关内部方法的唯一对外接口。外部信息称作消息，发送消息的对象称为发送者，接受消息的对象称为接收者。

消息在面向对象系统时的作用十分重要，在系统中，问题的求解和行为执行是依赖于对象间传递消息完成的。消息流统一了数据流和控制流，它是实现对象间联系的唯一途径。消息中只包含发送者给出的信息，这种信息往往表现为对接收者的某种要求，但是对接收者的行为过程不做干涉和要求。同样的消息可以传递给不同的对象，同一对象可以接受来自于不同对象发出的不同消息。

面向对象技术除了对象的概念外，还有相关的概念，下面给出了一些常用的术语。

（1）类和对象。类和对象可以描述为一种将数据与过程合为一体的数据结构。类是一组具有相同属性和相同操作的对象的集合。

（2）访问控制。一方面，对象必须对内部元素进行保护，使之不受外界干扰；另一方面，对象又必须能够与外界联系。通常使用 3 种访问机制：公有、私有与保护机制。通过访问控制实现封装。

（3）派生与继承性。可以通过对现存对象类增加或修改产生新的对象类，方法是增加新的数据或结构，也可对已有过程重定义。最初的类称为基类，经增加或修改而从基类中扩展出来的类称为派生类。派生类继承基类的属性和行为。

（4）多态性。像生态系统一样，继承构成了类族。多态性意味着存在多种形式，即不同的对象对相同的消息做出不同的反应。面向对象方法用"虚拟"来实现多态性。

面向对象的知识表示方法的主要优点是很明显的：

（1）它与人类习惯的思维方法一致。面向对象的分析与设计方法强调模拟现实世界中的概念，因此，面向对象的环境提供了强有力的抽象机制，便于人们在专家系统设计时使用习惯的抽象思维工具。

（2）稳定性好。以对象为中心构造专家系统，而不是基于功能分解，由于现实世界的实体是相对稳定的，因此系统的结构也比较稳定。当对系统的功能需求发生变化时不会引起系统结构的整体变化，往往只需要做一些局部性的修改。例如，从已有类中派生出新的子类以实现功能扩充或修改，增加或删除某些对象等。

（3）可重用性好。有两种方法可以重复使用一个对象类：①创建该类的实例，从而直接使用它；②派生出一个当前需要的新类，继承机制使得子类可以重用父类的数据结构。

（4）可维护性好。使用面向对象技术开发的系统因其易理解，稳定性、可重用性好，易修改和扩充而具有良好的可维护性。

面向对象技术的众多优点极其明显，几乎弥补了传统的结构化技术的所有缺陷。但尽管如此，面向对象方法至少就目前而言，还不是十全十美的。它与结构化技术相比还不够成熟，它的发展还需要经过一个阶段的发展与改进。首先，它对全局处理支持上存在不足；其次，面向对象技术的优点不但没有减少开发时间，相反，可能需要的时间还长一些。基于面向对象的众多分析与设计方法构造的模型虽富于表现力，但因其记法复杂反而难以理解，还需要进一步完善。

4.2.2 知识获取

4.2.2.1 概述

专家系统的核心是知识与推理，尽管影响制约专家系统性能的因素很多，但是真正对系统起决定性影响的因素是系统所具有的知识，包括知识的数量、质量及组织管理。

在专家系统开发过程中，知识获取是难度最大、工作量最多、成本最高、开发时间长的工作。因此可以认为，知识获取是专家系统乃至其他知识系统的一个"瓶颈"问题。

知识获取就是把用于求解专业领域问题的知识从含有这些知识的知识源中抽取出来，并转换为一待定的计算机表示。知识源包括专家、教科书、数据库及人本身的经验。

根据专家系统的总体要求和知识获取的定义，知识获取的任务可归结如下：

（1）对专家或书本等知识源的知识进行理解、认识、选择、提取、汇集、分类和组织。

（2）获取以及更新知识，从已有知识和实例中产生新知识，包括从外界学习新知识。

（3）检查和保证已获取知识的一致性和完整性。

（4）简化获取知识，尽量使知识的冗余度小。

知识获取的途径可以分为两种：

（1）由知识工程师通过和领域专家交谈，以及阅读、分析各种资料得到关于领域的各种知识，然后再借助于知识编辑系统将知识输入到机器中。

（2）通过机器自我学习，机器从处理问题的过程中获取知识、积累知识。

知识的获取又分为领域知识的获取和元知识的获取。领域知识的获取范围较小，只能由专家获得。元知识的获取范围比较广泛，不但可以从领域专家获得，而且可以由知识工程师获得。

按照基于知识的系统本身在知识获取中的作用来分类，知识获取方法可分为主动型知识获取和被动型知识获取两类。主动型知识获取是系统根据领域专家给出的数据、资料、案例分析等，利用诸如归纳程序之类的工具软件直接自动获取或产生知识并装入知识库中。被动型知识获取则通过知识工程师采用知识编辑器之类的工具，把知识源具有的知识传输到系统的知识库之中。

按基于知识的系统获取知识的工作方式分类，可分为非自动型知识获取和自动型知识获取两种。

按知识获取的策略分类，可分为会谈式、案例分析式、机械照搬式、教学式、演绎式、归纳式、类比式、猜想验证式、反馈修正式、联想式、条件反射式等。

知识获取的困难之处在于恰当地把握领域专家所使用的概念、关系以及问题求解方法。对于知识工程师而言，知识的获取相当于一门新学问的学习。因此，获取专家的启发性知识是十分困难的，其原因来自以下几个方面：

（1）人类专家通常陈述知识的方法与专家系统采用的知识表示方法不一致。专业领域有自己特定的语言，有的语言很难用日常的用语表达这些专业术语。

（2）大部分情况下，专家处置问题是根据经验和直觉，很难采用数学理论或其他决定论的模型加以精确刻画。专家的启发性知识往往含有近似、不确定、不充分、不完全，甚至产生矛盾。

（3）有些启发性知识表示的不可能性。领域专家凭借多年总结和积累的实践经验，采用独特的方法和有效的手段去解决困难问题，但难以把这些经验和策略方法显式地表达出来。"知其然，不知其所以然"是知识工程师在知识获取当中经常遇到的问题。

（4）专家为了解决领域问题必须懂得比领域的原理和事实多得多的东西，其中一部分是日常常识和日常推理，而在解决问题时是下意识用到，在表述过程中却经常被忽略。

（5）知识的正确性需要经过反复测试和检验，为了分解与隔离出问题解答的错误，可能需要跟踪包含数百个事实或几十种推理。为了使观察到的错误与它的真实原因联系起来，必须弄清知识与推理机控制策略之间的相互作用。

（6）源于多个信息通道的知识元之间存在冲突，由于表示和使用不当，使得知识发生畸变。

知识获取是一个相当大和具有相当难度的工程，它可以分为 5 个阶段：目标形成阶段、概念化阶段、形式化阶段、实现测试阶段、更正维护阶段。

1. 目标形成阶段

目标形成阶段是知识获取的开始，主要任务包括：开发人员的确定、任务的分配、问题的确定、资源的确定与分配、目标的确定。

这一阶段至少要有一个知识工程师和一个专家参与。知识工程师与专家密切联系配合，通过反复交谈与讨论确定要解决的问题。

（1）专家系统能求解什么样的问题？

（2）如何定义或说明这些问题？

（3）怎样分解问题为子问题和子任务？

（4）问题解的形式是什么？其中应用了什么样的概念？

（5）数据、信息、知识的概念和关系？

（6）重要的专业术语及相互关系？

（7）相关问题或环境是什么？

（8）如何避免和消除影响？

（9）解决问题需要达到的目标是什么？

（10）问题的求解需要什么？

2. 概念化阶段

当目标确定后，有关问题的关键概念和关系已经初步形成。在概念化阶段对这些概念以更直接明显的方式进行描述和说明。

这一阶段主要任务如下：①寻找出可以利用的数据类型；②列出数据的来源，是直接给出的或是推导出来的；③寻找子任务和子问题；④采取何种策略；⑤明确领域中对象之间的关系；⑥确定出知识的层次结构并标出因果关系、集合包含、部分与整体等关系；⑦确定在问题求解中涉及哪些过程？这些过程的约束条件是什么；⑧确定系统的信息流过程是什么；⑨确定能否把解答问题所需要的知识与验证问题解答的知识区别和分离开来。

知识的概念化阶段是知识获取的重要阶段，这一阶段需要消耗大量的时间以供知识工程师与专家进行反复磋商。经过反复多次验证与修改，把领域专家所要研究的对象、概念及其相互关系说明清楚，并弄清信息的流向等。这一阶段就是将知识从知识源中抽取出来。

3. 形式化阶段

另选择合适的知识表示模式把概念化阶段分离出来的重要概念、子问题及信息流等以更加正式的形式表示出来。要做到明确问题求解过程的基本推理策略与方式，理解领域的数据性质，包括数据的获取方式、数据的精确程度、数据的一致性程度和数据完备性程度以及数据结构。

4. 实现测试阶段

把完成的形式化表示的知识，用系统可直接理解的表示形式或语言形式具体描述出来，定义具体的信息流和控制流，从而形成一个可执行的程序，产生原型系统。产生原型系统之后，通过不同实例来测试系统知识库和推理机的弱点。导致系统性能方面问题的主要因素有输入输出特征、推理规则、控制策略和测试实例。

5. 更正维护阶段

知识在获取过程中可能存在误差，因此要通过修改来完善系统。修改的内容包括概念的重新陈述，表示方法的重新设计，原型系统的简化。原型的简化常常循环反复地贯穿于规则及其控制结构的实现和测试阶段，直至达到期望的运行结果。

4.2.2.2 知识获取方法

迄今为止，在开发实用专家系统时，还没有一个通用而有效的知识获取方法。一个具体专家系统知识获取所花的时间和所遇到的困难取决于求解问题的复杂性和问题规模的大小。

1. 交谈法

交谈是获取专家使用的概念和术语最常用的方法。在水力领域，许多概念都是在长期实践中形成的，通过深入交谈，才有可能使知识工程师准确把握概念和术语。这种方式特别适合于概念化阶段。

交谈由 3 部分组成：

（1）专家对主要目标进行解释，阐明解决问题所需的数据，以及这些问题可以划分为哪些子问题。知识工程师从专家系统实现的角度向专家探明问题之间的结构特性、数据来源、组织方式。

（2）根据讨论结果，形成问题表，顺次对问题表的每个子问题和子过程的有关数据和求解方法加以详细探讨。

（3）当讨论完问题表中的所有问题之后，知识工程师和专家一起对获得的信息进行总结，并进行评估。

采用这种方法要注意如下问题：

加强知识工程师与领域专家之间的相互学习和知识渗透。专家应掌握专家系统求解问题的基本原理和过程，并了解系统中知识的统一表示形式。这有利于专家将专业知识更好地组织为系统所需知识的形式。与此同时，知识工程师需要大量阅读水力领域的有关文献和资料，尽量理解水力领域知识，以减轻专家的负担，真正达到知识工程师与专家的相互理解。

每次会谈都要有详细记录，并产生文本。问题表的建立应突出重要的概念、术语。

2. 案例分析法

这种方法主要针对领域专家一般善于谈论具体实例而不一定适合于谈论抽象术语而提出来的。在分析某个机组振动故障时，专家可能对这个机组故障进行检查和说明，但是不同机组发生故障的条件不同，形成诊断的知识也就不同。以具体机组故障诊断案例为线索，根据提供的各种数据、信息，进行分析、归纳，给出问题的答案，这样容易使专家把注意力集中于问题求解的过程，同时，也有利于知识工程师理解专家求解问题的模式，把知识加以结构化组织，并归纳出与领域问题有关的概念、特点和关系。

3. 观察法

在专家缺乏时间与知识工程师充分交谈的情况下，观察法是对知识获取的一个基本手段。通过观察，知识工程师可以获得水力机组诊断领域的感性认识，从而对水力机组的故障诊断问题的复杂性、处置流程以及涉及的环境因素有更加直观的理解。

知识工程师作为一名学徒直接参加到专家对水力机组的故障诊断行为中。在专家对故障诊断时，往往是通过机组表现的状态、破坏的部位等因素进行诊断，这些行为大多是无法清楚地用语言描述的知识，参与式观察提供了一个有效的途径使得知识工程师对这一领域的某些概念有深刻的理解。

4. 归纳法

归纳式知识获取是采用归纳推理进行知识获取的方法。具体地讲，它从一些特定案例、不完全和不精确的局部事实、关系、概念等出发归结出带有一般性的推理模式或因果关系，这是一种获取领域专家启发性知识的较为合适的方法，也有利于知识库的自身修改、扩充、更新和完善。

归纳式知识获取包括枚举归纳式、实例学习式、类比归纳等。

5. 传授法

传授法也称教学法，它类似于教师教学。

这类知识获取方法可以分为：①请求：向专家提出要求；②解释：专家根据所提的要求对之进行解释；③知识工程师根据专家的解释，将知识形式化；④并入到知识库：知识工程师将形式化的知识并入到已形成的知识库中。

计算机系统直接从环境（实例、书本、专家、教师）中获取所需的知识，从而不断改善系统自身性能，这就是所谓的机器学习。机器学习的研究发展迅速，已成为解决专家系统中知识获取这一"瓶颈"问题的关键技术手段。根据环境提供信息的层次和质量，机器学习系统由简单到复杂可分为机械记忆式学习、教导注入式学习、归纳学习、类比学习、从观察和发现中学习。

4.3 推理与控制策略

推理是根据一定的原则（公理或规则）从已知的事实（或判断）推出新的事实（或另外的判断）的思维过程，其中推理所依据的事实称为前提（或条件），由前提所推出的新事实称为结论。

故障诊断专家系统的主要内容是研究诊断知识的获取、表示和利用。诊断推理过程所要解决的主要问题是在诊断过程的每个状态下（包括初始状态），如何进行诊断知识的选择和运用。基于知识的诊断推理包括两个方面的内容，即诊断过程的推理策略和诊断过程的控制策略。

4.3.1 推理策略

诊断过程的推理策略（推理方式）是研究故障征兆与故障之间的各种逻辑关系以及不精确诊断推理中不确定性的更新算法。

推理方式的多样性，从不同角度可以分出不同的种类。按推理方向的不同，可分为演绎推理和归纳推理。

按推理的可信度，可分为精确推理和不精确推理。

按诊断过程所使用的知识层次可分为基于深知识的推理和基于浅知识的推理。

从推理方法上可以分为基于规则的推理、基于模型的推理、基于实例的推理。

1. 演绎推理与归纳推理

演绎推理是指一组前提必然地推导出某个结论的过程。它是从一般到个体的推理。如机组振动过大，则存在故障。

演绎推理的核心是三段论，它是由 3 个判断组成，其中两个是前提，另一个为结论。例如：

（1）机组监测得到的信号频率都是机组转频的倍数。

（2）机械原因引起的振动频率为机组转频的倍数。

（3）所以，机组的振动是由机械原因引起的。

（1）、（2）是两个判断语句，是前提，（3）是一个结论。

演绎推理的结论，在原则上不超出前提的范围；演绎推理的结论与前提的联系是必然的，只要前提真实，推理形式正确，则结论一定是可靠的。

归纳推理是从一般性较小的前提推出一般性较大的结论的推理。其思维过程是由个别到一般。归纳推理的前提是个别的、特殊的知识，同经验、实验等直接有关。归纳推理的结论一般都超出前提的范围。归纳推理的前提和结论的联系在很多情况下不是必然的，其结论的性质，有的是确实可靠，有的却带有或然性。

归纳推理包括完全归纳推理、简单枚举法、科学归纳法、类比推理和统计推理等。推理是以个别的已知事实为前提，推出一般性结论的推理，即个别到一般。现有的专家系统几乎都采用演绎推理。完全归纳推理以及类比推理的逻辑如下：

（1）完全归纳推理。根据某类事物中每一个对象的情况或每一个子类的情况而做出关于该类事物的一般性结论。其推理形式为

IF　　L_1　　THEN　　R

AND

IF　　L_2　　THEN　　R

······

AND

IF　　L_n　　THEN　　R　　（L_1，L_2，···，L_n 是 L 类的全部子类）

THEN　　　　L → R

（2）类比推理。根据两个或两类对象有部分属性相同，从而推出其相关属性也相同。类比推理的一般形式为

IF　X，Y，Z，W∈A AND X，Y，Z∈B

THEN　W∈B

在水力机组中，经常用到这类推理，如水轮机中的相似原理。

2. 非单调推理

在一个严格的演绎系统中，系统能够证明为真的命题会单调地增加，这种推理称为单调推理。相对应的非单调推理是指随着知识的增加，可能使系统原先推出的结论被否定的推理。在非单调推理系统中，系统能证明的命题不单调增加。非单调推理非常适合于故障诊断专家系统。因为，在故障诊断系统中，专家常常需要在信息或知识不完全的情况下进行诊断推理，这时，就要根据一般的经验或常识得到当前合理的结论。随着新知识或新的事实增加，可能与原先推出的结论相矛盾，这时须否定原先的结论，再依据新事实进行推理。

3. 诱导推理

与演绎推理相似，并广泛应用在专家系统中的推理为诱导推理或合情推理。诱导推理是从观察到的征兆事实到征兆事实的一种合理解释的推理，其可形象表示为：如果"故障 A 能引起征兆 B"，且"征兆 B 出现"，那么"故障 A 可能发生"。诱导推理规则不仅符合征兆与故障之间的因果关系，而且能充分表达诊断对象的结构、功能和行为方面的知识。演绎推理是专家在常年实践中对故障实例进行分析总结出来的。虽然在解决实际问题方面很有效，但是其只反映诊断对象的征兆与故障之间的表面联系，没有反映出诊断对象的征兆与故障之间的内在因果关系。

4. 精确推理与不精确推理

精确推理是指前提与结论之间有确定的因果关系，并且事实与结论都是确定的。演绎推理以数理逻辑为基础，它所求解的问题事实与结论之间存在着严格精确的因果关系，并且事实总是确定或精确的。因此，演绎推理属于精确推理。

精确推理所使用的已知数据和知识是完整的、准确的，推理所得到的结论同样也是准确和可靠的。

但是知识中有相当一部分的知识属于人们的主观判断，是不精确的和模糊的。另外，为了推理而收集的事实和信息也往往是不完全的和不精确的。基于这种不精确的推理知识进行推理，得出结论，称为不精确推理。

不精确推理就是在规则或公理（例如专家给出的规则强度和用户给出的原始证据的不确定性）的基础上，定义一组函数，求出结论的不确定性度量。

通常而言，一个不精确推理模型应当包括：

（1）根据规则前提的不确定性 $O(L)$ 和规则强度 $F(H，L)$ 求出假设的不确定性 $O(H)$，定义函数 G_1：

$$O(H)=G_1[O(L),F(H,L)]$$

（2）根据独立证据 L_1、L_2 求得的假设 H 的不确定性 $O_1(H)$、$O_2(H)$，求出证据 L_1、L_2 组合导致的假设的不确定性，定义函数 G_2：

$$O(H)=G_2[O_1(H),O_2(H)]$$

（3）根据两个独立证据 L_1、L_2 求得的假设 H 的不确定性 $O_1(H)$、$O_2(H)$，求出 L_1、L_2 与的不确定性，定义函数 G_3：

$$O(L_1 \text{ AND } L_2)=G_3[O_1(H),O_2(H)]$$

（4）根据两个独立证据 L_1、L_2 求得的假设 H 的不确定性 $O_1(H)$、$O_2(H)$，求出 L_1、L_2 或的不确定性，定义函数 G_4：

$$O(L_1 \text{ OR } L_2)=G_4[O_1(H),O_2(H)]$$

不精确性推理具有几种不同的推理模型：

（1）可信度方法。以确定性理论为基础，方法简单。在很多专家系统中得到了应用，取得了较好的效果。

（2）主观 Bayes 方法。主观 Bayes 方法是 PROSPECTOR 系统使用的不精确推理模型，它是对 Bayes 公式进行修正后形成的一种不精确推理方法，为概率论在不精确推理中的应用提供了一条途径。

（3）证据理论。通过引进信任函数，把不确定和不知道区别开来。这些函数满足比概率函数的公理还要弱的公理，因此，概率函数是信任函数的一个子集。

（4）可能性理论。概率论处理的是由随机性引起的不确定性，可能性理论处理的是由模糊性引起的不确定性。当然，大多数在概率论中存在的问题，在可能性理论中依然存在，如先验可能性的问题，多变量可能性分布的相关性问题等。

（5）批注理论。该系统中的推理规则和议程中的任务都附有批注。规则的批注给出前提条件与规则结论的关系，任务的批注指出任务的结论与议程与另一任务的结论之间的协同、冲突、隐含冲突及冗余。

5. 基于模型的推理

从知识的层次角度可将模型知识分为结构模型、行为模型、功能模型以及因果模型等。不同的层次知识需要采用不同的推理模型。基于模型的推理包括基于功能模型的推理、基于行为模型的推理、基于结构模型的推理、基于因果网络模型的推理。

基于模型的推理是一种深层推理，解决问题的能力强。常把基于功能模型的推理、基于行为模型的推理以及基于结构模型的推理称之为基于第一原理的推理，这类推理是用有关诊断对象的各种理论、定律及公式等具有确定性依据的知识建立定量或定性模型来模拟诊断对象。基于第一原理的推理是一种前向推理，给定输入集合，集合通过模型内部传播，产生一个输出集合，这个输出集合称为系统的期望输出。如果系统的实际输出同期望输出不一致，说明系统有冲突，存在故障。对系统进行诊断，进一步找出引起冲突的原因集合，这一过程称之为冲突识别。

对于基于第一原理的推理是利用冲突识别和冲突集合的选择识别来进行诊断推理的。

基于因果网络模型的推理是通过模拟诊断对象的状态、功能及故障的因果关系来进行诊断的。

总而言之，故障诊断的推理过程可描述为：根据给定的征兆集合，找出一个故障集合，若这个故障集合可能引起的征兆集合包含给定的征兆集合，则称这个故障集合是给定征兆集合的一个解释，给定征兆集合的所有解释就形成了诊断问题的解。

4.3.2　控制策略

诊断过程的控制策略对于构造一个高效的推理时，也是一个非常重要的因素，其直接影响推理机的诊断效率，诊断效率是衡量诊断推理机优劣的一个主要指标。控制策略的主要目的就是利用控制信息减少诊断过程中选择知识和应用知识的费用。

应用于诊断专家系统的控制策略一般为正向推理、反向推理、冲突消解、混合推理以及元控制策略。

1. 正向推理控制策略

正向推理是由已知征兆事实到故障结论的推理，因此，也称自底向上控制、数据驱动控制、前向链推理、模式制导推理和前向推理等。

正向推理控制策略的基本思想是：从诊断对象已有的征兆信息（事实）出发，正向使用规则，寻找可用知识，通过冲突消解选择规则，若匹配成功，激活该规则，将规则的结论部分作为新事实加入到知识库中，改变求解状态，重复上述过程直至问题解决。

一般来说，正向推理系统的基本结构为：另一个存放当前状态的数据库（data base），另一个知识库（knowledge base）以及进行推理的推理机。

正向推理结束的两个并发条件：

（1）其中一条规则匹配成功。

（2）遍历所有规则，也就是匹配完所有规则。

正向推理控制策略的优点是，用户可以主动提供与机组诊断对象有关的征兆事实或信息，系统可以快速地对用户输入的征兆事实做出反应，推理控制简单，系统容易实现。其不足之处在于：规则的激活与匹配比较盲目，在系统诊断过程中，可能要执行许多与诊断无关的操作，导致推理过程的效率低下，由于不具有反推的功能，系统的解释功能很难实现。

2. 反向推理控制策略

反向推理（backward chaining）是由目标到支持目标的推理，因此又称为从顶向下控制、目标驱动控制、后向链推理、目标制导推理和后向推理等。

反向推理控制策略的基本思想为：先假设一个故障存在，然后在知识库中找出那些其结论部分导致这个故障发生的知识集，再检查知识集中每条规则的条件部分，如果某条规则的条件中所含有的条件项均能通过用户会话得到满足，或者能与当前征兆事实库中的内容所匹配，则把该条知识的结论（即目标）加到当前事实库中，从而该假设被证明，说明存在这样的故障；否则把该规则的条件或前提作为新的子目标，递归执行上述过程，直至各"与"关系的子目标全部或者"或"关系的子目标有一个出现在事实库中，假设得到证明，或者直至子目标不能进一步分解而且事实库不能实现上述匹配时，这个假设为假，系统不存在这样的故障，推理失败，需要重新提出假设故障。

反向推理中，初始假设的选择非常重要，它直接影响到系统推理的效率。因为初始假设选择不当，可能会引起一系列空操作。比如，在故障诊断初始，机组产生两倍转频的振动，假如初始假设选择为机组的涡带振动，那么可能会引起大量的无效执行。

反向推理控制策略的优点是推理过程的方向性强，不用寻找和使用那些与假设无关的信息和知识。这种策略对它的推理过程提供明确解释，告诉用户它所要达到的目标以及为此而使用的知识。由于该推理是从假设反推，因此这种策略在解空间较小的环境下尤为合适。反向推理的缺点是假设具有一定的盲目性，不能通过用户提供的有用信息来操作。这种策略适合于解空间较小的领域。

3. 冲突消解控制策略

冲突消解控制策略用于解决如何在多条可用知识中合理地选择一条知识的问题，是一种低级的推理控制策略。

在专家系统故障诊断过程中，推理机的基本任务是决定下一步该做什么，即选择哪些规则完成这些操作，进一步通过操作来修改和增加综合数据库的内容，直到得出诊断结论。在诊断的每个状态下，一条规则的可用与否取决于这条规则的条件部分与诊断过程的当前征兆事实库的内容的匹配程度，即使匹配成功，规则的最终选择和运用要由推理机确定。

通常在每个中间状态，可用的规则不止一条，这时就发生所谓的"冲突"（同前两种推理的冲突含义不一致），在多条可用规则中选择一条规则启用的过程称为"冲突消解"。通常冲突消解控制策略采用深度优先策略或广度优先策略。

深度优先策略是：先试用一条规则，如果这条规则在运用过程中出现失效，那么搜索比这条规则含有更深知识的规则，直到找到可匹配的规则。广度优先策略同深度优先策略类似，只不过是沿着试用规则的同一层次进行搜索。但在专家系统进行故障诊断时，这种策略往往是低效的，有时甚至难以容忍。

简单冲突消解控制策略是将多条规则按优先级排序。排序策略大致有：

（1）归一性排序。如果一条规则表达的知识比另一条规则更具体，即一条规则的条件部分是另一条规则条件的弱化，则弱化规则比强化规则具有更高的优先级。

（2）知识库组织次序排序。以规则在知识库组织中的顺序决定优先级的次序。

（3）条件排序。把知识库中规则的条件部分的所有条件项按优先级次序组织，应用字典排序法将可用规则进行排序。

（4）就近排序。这种策略有一个动态修改规则优先级的算法，把最近使用的规则标记以最高优先级。

（5）分组组织。知识库中规则的组织按它们所对应的诊断对象进行分块（或分组）。在诊断过程中，只能从相应的知识库中去选择可用规则。

除了以上排序策略外，还有其他策略。

4. 混合推理控制策略

正向推理和反向推理具有一定的优点，但同时各自又具有缺点。正向推理的主要缺点是推理目的性不强，在推理当中可能作了许多与诊断无关的操作；反向推理的缺点是初始假设的选择比较盲目。将正向推理与反向推理结合进行优势互补，从而引出混合推理。

混合推理控制策略是一种综合利用正向推理和反向推理各自优点的有效方法，其思想为：先使用正向推理帮助确定初始假设，即从已知征兆事实演绎出部分结果，据此选择一个故障目标，然后通过反向推理求证该故障，在诊断过程中又会得到用户提供的更多信息，再应用正向推理，求得更接近的诊断目标，如此反复正向推理—反向推理这个过程，直至诊断求解为止。

在实际应用中，尽管推理机都体现了混合控制，但是却有多种模式。常用的模式有：正反向不精确推理，正反向同时进行推理，单步正向、全局反向推理，生成与测试推理。

正反向同时控制策略是同时进行正向推理与反向推理，根据已知信息和征兆事实进行正向推理，但并不一定直接达到诊断目标，同时又从目标出发进行反向推理，但并不一定直接使每个子目标完全匹配，而是希望两种推理在原始证据和诊断目标之间的某个中间结果上"接合"起来。这样的"接合"表明正向推理得出的中间结果满足了反向推理的数据要求，标志着双向推理成功。

5. 元控制策略

上面介绍的 4 种推理控制策略都是事先安排好的，它们不随诊断故障对象的不同而改变。然而，在水力机组故障诊断专家系统的诊断环境下，有的故障类型适合于正向推理，有的适合于反向推理，也有的适合于混合推理。而且水力机组是一个比较复杂的旋转机械系统，其包含有不同的子系统，每个子系统的故障类型也不相同，所以不能事先规定应用某种策略，而是根据某个子系统的不同选择不同的推理和控制策略。

多级控制机构就是把控制分为元级控制和诊断目标级控制。元级控制选择诊断目标控制的方向，并决定对哪部分的知识规则和故障用哪种控制方向进行控制，诊断目标级控制则按元级控制提供的方向对具体故障类型选用具体知识进行操作控制。

元控制将元知识按一定的表示方式显式表达出来形成元知识库，元推理机利用元知识，指导诊断目标推理机进行诊断求解。

4.4 专家系统开发工具 CLIPS

专家系统实际上就是知识加上推理的智能程序，因此，专家系统的最终实现要落实到程序上，即程序设计。程序设计有赖于程序设计语言。专家系统主要应用以符号为主的 Lisp 语言、以逻辑处理为主的 Prolog 语言以及多范式编程语言 CLIPS 语言。

CLIPS 是一种多范式编程语言，它支持基于规则的、面向对象的和面向过程的编程。基于规则的 CLIPS 编程语言的推理和表示能力与 OPS5 相似，但功能更强。CLIPS 仅支持正向推理控制策略，而不支持反向链规则。

CLIPS 是 C 语言集成产生式系统（C language integrated production system）的首字母缩略词，它是美国航空航天局 NASA 用 C 语言设计的[16]。

4.4.1 CLIPS 语言基础

1. 记号与字段

首先介绍 CLIPS 语言的记号，CLIPS 语言记号可分为两类：第一类是符号和字符；第二类是有特殊意义的标号。CLIPS 语言对大小写敏感。

（1）符号和字符。这类记号是输入与显示相同，是不被字符对（）、＜＞、［］、{} 所包含的任何东西，例如：

TURBIN，VIBRATION，FREQUENCY

这时 TURBIN 表示输入按"T""U""R""B""I""N"字符输入，输出就是TURBIN。

（2）标号。标号是被字符对（）、＜＞、［］、{} 所包含的任何东西，符号"｜"以及跟在语句描述后面的"＊"和"＋"。

被字符对（）包起来的字符是 CLIPS 语言命令，如退出命令（exit）。字符对［］内的内容表示是可选的，如：

TURBIN　　［L］可表示为 TURBIN 或 TURBIN　L

字符对＜＞内的内容是表示要被替换的，如：＜integer＞、＜char＞等。下面的描述：

VIBRATION　＜integer＞

可替换为

VIBRATION　10 或 VIBRATION　20 或 VIBRATION　－15

或更多的，只要是 VIBRATION 后跟任一个整数，注意语句中的空格也应该输入。

跟在语句后的"＊"，表示可以用规定的值替换零次、一次或更多次，两个值之间用空格，如：

＜integer＞＊

可以替换为

1，或 0 1，或 0 1 2，或…

跟在语句后的"＋"，表示该描述所规定的一个或多个值应该用来代替该描述。如：

＜integer＞＋

等价于

＜integer＞ ＜integer＞ ＊

符号"｜"表示由符号"｜"分开的内容中选取一项，如：

all ｜ some ｜ none

等价于

all or some or none

字段是字符组成的标记，CLIPS 语言共有其中 7 种字段，也称 CLIPS 语言的原始数据类型：浮点型（float）、整型（integer）、字符串型（string）、符号型（symbol）、外部地址（external address）、示例名（instance name）、示例地址（instance address）。

浮点型与整型是数字字段，数字字段由 3 部分组成：符号、值和值数。符号和值数是可选的。符号是＋、－；值包括一个或多个数字，也包含小数点。指数由字母 e 或 E，后跟可选符号＋、－，之后是一个或多个数字。凡是可选符号后仅跟数字都作为整型。

符号是一种字段，其以任何可打印的 ASCII 字符开头，后接任意个字符，以分界符结尾。所谓的分界符是指任何非打印 ASCII 字符，包含空格、回车、TAB、"、（、）、；、&、｜、~、＜等字符。下面是合法的字符：

sensitive；turbine；water；temp－234

字符串类型同 C 语言类似，以双引号开始和结束。外部地址代表由用户自定义函数（user defined function）返回的外部数据结构的地址。

2. 事实与规则

事实与规则是专家系统的核心，也是 CLIPS 语言的重点。在 CLIPS 中，一个信息块（chunk）就是事实。事实是由关系名、后跟零个或多个槽（slot）以及其相关值组成。

一个事实例子：

（Turbine（type "HL210"）

（height 60））

整个事实以及每个槽都由小括号对限定，槽的数目没有限定。上面的 Turbine 就是事实名，type 和 height 是槽名，"HL210"和 60 分别是槽值。在一个事实中，槽的顺序没有限定。

类似于其他语言，CLIPS 语言中用自定义模板结构来描述事实。自定义模板的一般形式：

（deftemplate ＜relationname＞［option－comment］＜slot－＞＊）

其中 deftemplate 是自定义模板说明语句，relationname 是事实关系名，slot 是槽。
<slot ->* 的形式为

 （slot <slotname>）｜（multislot <name>）

 那么关于水轮机的事实模板可以定义为

 （deftemplate Turbine

 （slot type）

 （slot height））

 在上面出现的 multislot，顾名思义是多字段槽，如上面的 type 定义为多字段槽，可以表示为

 （Turbine（type HL210）

 （height 60））

 当一个事实在应用时，而没有相应的自定义模板，那么系统将自动创建一个隐式模板，这类事实也被称为有序事实。有序事实仅有一个隐含的多字段槽，用于存储关系名下的所有数值。

 事实可以被初始化，其格式为

 （deffacts <deffactsname> [comment] <fact>*）

 规则的一般格式为

 （defrule <rule-name> [comment]

 <pattern>*；规则的左部分（LHS）

 ⇒

 <action>*）；规则的右部分（RHS）

 整条规则用括号对限定，模式与动作部分也要用括号对限定，一个规则中可能有多个模式和动作，它们之间可以嵌套。

 规则的定义有 3 个部分：①defrule；②规则名，规则名可以是 CLIPS 中的任意合法词，当一个新规则名与旧规则名同名时，那么新规则将取代旧规则；③规则部分由模式和动作组成。

 规则的模式部分是由一个或多个约束组成，其目的是匹配自定义模板中的事实，如果规则的所有模式与事实匹配，那么规则被激活并放入到议程中。规则中的箭头=>是规则中动作部分的开始标记。

 一个规则的例子：

 （defrule outrun "飞逸规则"

 ；模式部分

 （emergency（rotatespeed　400r/min）

 =>

 ；动作部分

 （assert（response（action shut-down））））

4.4.2　CLIPS 语言命令

 CLIPS 语言可以很方便地装入到计算机中，CLIPS6.0 是一个不需安装的 Windows 应用程序，直接点击 CLIPS6.0 就可以进入到 CLIPS 中。CLIPS 的提示符如下：

CLIPS>

这时就可以直接输入命令，上面的提示符称为顶层模式。

退出 CLIPS 可以通过菜单退出，也可以在提示符下输入：

CLIPS>（exit）

CLIPS 命令可分为一般命令、结构命令、函数命令。

CLIPS 程序的运行用 run 命令，run 命令的格式：

（run [<limit>] ）

limit 是最大可触发的规则数目。

文件的调入命令为

（load <filename>）

filename 是包含待调入文件名。如 outrun 规则存储在 E：/CLIPS/outrun. clp 中，则调入该规则的命令为

（load "E：/CLIPS/outrun. clp"）

与调入文件相对应的命令是保存命令，其格式为

（save <filename>）

由于 CLIPS 语言的命令很多，本节不一一介绍，可参考文献 [16]。

4.5　专家系统的建造

水力专家之所以能解决大多数实际机组运行时发生的故障，关键在于他们掌握了关于水力机组的大量专业知识。要想使计算机像专家一样能处理问题，首先必须使计算机先获得这些关于机组诊断方面的知识，然后有效地组织并储存起来以便使用。专家系统的性能水平主要是它拥有知识数量和质量的函数。故障诊断专家系统获得的诊断知识和故障知识越多，质量越高，它用于实际诊断的能力就越强。所以，专家系统实际上通过在系统中存储大量与故障诊断有关的知识来取得高水平的诊断。

专家系统是一种计算机程序，但区别于一般应用程序。一般应用程序的结构是数据加上算法，它是把问题求解的知识隐含地编在程序中，而故障诊断专家系统则将其水力机组故障诊断领域的诊断知识单独分开组成一个知识库实体。知识库的处理是通过独立于知识库的、易识别的控制策略来进行的。

诊断专家系统的核心是水力机组的故障诊断知识，一般来说，诊断知识的数量与质量是一个专家系统性能是否优越的决定性因素。因此，系统的主要特征是有一个巨大的知识库，存储机组故障诊断的知识。而系统的控制级，通常表达成某种推理规则。整个系统的工作过程是从知识库出发，通过控制推理，得到所需的结论。

综上所述，故障诊断专家系统的基本设计思想就是将诊断知识和控制推理策略分开，形成诊断知识库。

4.5.1 专家系统的设计方法

设计故障诊断专家系统的关键有两大部分：①建造诊断知识库，涉及知识库建造的两项主要技术是知识获取以及知识表示；②设计推理机制与策略，涉及推理机制设计的两项主要技术是基于知识规则的推理和控制策略。

诊断知识获取是将专家长期在现场诊断获得的诊断经验和知识转换成专家系统程序的过程。

知识表示是关于存储故障诊断以及故障处理知识的数据结构及其对这些结构的解释过程的结合。它主要研究各种含有语义信息的数据结构的设计，以便在这些数据结构中存储知识，开发各种操作这些数据结构的推理过程，使知识的表示和运用知识的控制以及新知识的获取相结合，把诊断知识有机地结合到程序设计中。

根据知识表示选取的两个原则：

（1）知识表示应该做到自然。

（2）表示结构要易于检索、扩充。

选取规则表示法来构造诊断专家系统。

在了解与掌握知识获取、知识表示、推理控制的基本技术后，就可以着手水力机组故障诊断专家系统的设计。系统的设计一般是渐增式，通过知识库由小到大的逐步扩充、改进，系统要不断地进行验证、评价、专家认可，最终才能成为一个可交付使用的专家系统。

故障诊断专家系统的构造应遵循下述原则：

（1）诊断知识库与推理机构相互独立的原则，这将使系统有很好的可扩充性和可维护性。

（2）功能模块化，将系统分成几个互相独立的功能模块。为了使专家系统的各功能模块能互相通信，共享中间信息，在内存中建立中间数据库，存放各种中间结果和通信信息等，这即是所谓的黑板。

（3）具有良好的信息交换功能，这使得用户和机组诊断专家系统之间的信息交流容易、方便。

设计故障诊断专家系统一般如图 4.7 所示。

（1）初步设计。分析水力机组故障，对故障的发生、发展、表现特性进行详细的分析。在专家的协助下明确诊断系统期望实现的目标。确定参与系统研制的合作专家以及

图 4.7 专家系统设计过程

应用到的相关知识源。在专家的指导下，对水力机组的故障诊断进行一定的了解，通过各种知识源的知识获取和专家配合，对故障诊断专家系统达到的目标任务的主要概念、关系、假设、约束等进行图解形式（如推理网络）的描述。选择合适的知识表示方法（一般选用规则表示），把图解形式的内容形式化表达出来，并确定推理的控制方向等。

（2）原型系统的开发。选择合适的程序设计语言或专家系统开发工具，设计推理机制或借用工具语言已具备的推理机制，把形式化表示的知识以专家系统求解目标或

图解形式中的模块为单元，逐个单元地把知识转换为适合程序设计语言或工具能接受的内部编码的形式，输入知识库。在不断供给知识库里的知识的同时，要不断地对已有知识和新加入的知识的正确性及协调性进行测试。这一阶段产生出可运行的专家系统雏形，包括知识获取模块和解释机制等，然后即可交付使用。

（3）知识库的维护和扩充。原型系统开发出之后，将一些有代表性的机组故障诊断用例，应用于专家系统中。通过专家系统的诊断和原诊断结果对比，发现和寻找专家系统中存在的缺陷，如：人机接口的输入输出模式，诊断知识库中的知识不全或不精确等。甚至专家还会人为地完善知识库中的某些知识。

4.5.2 专家系统的开发工具

目前，国内外专家系统的开发工具是很多的。从这些工具的开发背景、开发目标、开发机制和推理机制的提供功能等，可将开发工具分为4类：程序设计语言、骨架系统、通用型专家系统和组合型开发工具。

专家系统的开发工具是生成专家系统的系统，它一般应包括以下4个方面[16]：

（1）一种或多种固定的知识表示方法，并有相应的内部编码形式。

（2）具有知识编辑器，能获取领域专家以交互方式输入知识并自动建立知识库。

（3）具有数据库维护和管理功能，处理知识库中的矛盾、冗余和其他一些不一致性及知识的存储和调度。

（4）具有跟踪解释机制，帮助用户理解系统求解的结论，并能便于定位知识库中的错误和不完善的问题。

1. 程序设计语言

程序设计语言是专家系统开发的最原始的工具，常用 Lisp 语言、CLIPS 语言和PROLOG 语言，也可以选用其他一些高级语言。

2. 骨架系统

骨架系统是最早出现的专家系统的开发工具。从一个已经研制成功的专家系统出发，取出该系统中知识库的专门知识，保留该系统的知识表示框架及相应的推理机制、知识获取机制以及解释机制，保留了这些机制而知识库为空的系统结构就称为骨架系统。当在骨架系统中填入另一领域的专门知识并经调试完善形成一个新的知识库时，就实现了一个新的专家系统。这样，新的专家系统的设计开发借用已有的专家系统的骨架，从而避免了许多重复劳动，缩短了研发周期，加快了工作进程。

常见的骨架系统有 EMYCIN（来自于 MYCIN）、KAS（来自于 PROSPECTOR）以及 EXPERT（来自于 CASNET）。

尽管骨架系统缩短了系统的开发周期，但是其具有以下不足：

（1）旧的骨架系统对新的任务不合适或不太合适。

（2）系统中的推理机制的控制结构与新系统求解问题的方式不匹配。

（3）旧规则描述语言不适合新任务。

（4）原骨架系统中，原知识可能隐藏在推理机中。

3. 通用型专家系统

通用型专家系统开发软件工具又称为通用知识表示语言。其把控制知识也作为一种显示知识，同知识库的知识一样，进行表示和推理。比较有代表性的是 OPS5、ORSIE 等。

4. 组合型开发工具

组合型开发工具是比用骨架系统和通用知识来表示语言的通用性更强的一类专家系统开发工具。其主要任务就是从一类任务中分离出知识工程中所用技术，并构成描述这些技术的多种类型的推理机制和多种任务的知识库的预构件，以及建立使用这些预构件的辅助设施。

资源 4.1
组合型开
发工具

其突出的例子如 AGE、ADVIS、ESP/ADVISOR 等。

第5章　机器学习故障诊断理论及算法

近年来，随着计算机科学技术的发展，机器学习也在水力机组故障诊断领域取得了广泛应用，为提升水力机组的安全性和故障诊断的精度提供了有效的方法。基于机器学习算法，通过分析大量的数据识别水力机组的故障特征，从而实现故障的准确诊断。本章概述了基于机器学习算法的水力机组故障诊断理论，旨在提高水力机组故障诊断精度，保障水力机组的安全稳定运行。本章共分为 3 个部分：①基于神经网络的故障诊断理论；②基于深度学习算法的诊断理论；③基于支持向量机算法的诊断理论。

5.1　基于神经网络的故障诊断理论

5.1.1　人工神经网络的定义

人工神经网络（artificial neural network，ANN）又称神经网络，是 20 世纪初期计算机科学领域的一个研究热点。神经网络是由多个节点（或神经元）组成的复杂运算模型。每个节点代表一种特定的输出函数，称为激活函数（activation function）。每两个节点间的连接表示连接信号的权重值，称为权重（weight），类似于人工神经网络的记忆。网络的输出与网络结构、连接方式、权重、激活函数等参数有关。网络自身往往与某个算法或函数相近，或者是一种逻辑策略的表达。

在过去的十几年中，神经网络的理论得到了很大发展，取得了很大的进步。它在模型识别、自动控制、智能机器人、经济、生态、医药等领域，都具有良好的应用，并表现出很好的智能特性。

5.1.2　人工神经网络的特征

人工神经网络的智能特征如下：

（1）联想记忆功能：由于神经网络具备分散储存信息及并行运算的特性，因而可以联想记忆外界刺激及信息输入。这种功能是由神经元间的相互协作和共同的信息处理过程来完成的。联想记忆可分为两种类型，即"自联想"和"异联想"。

（2）分类识别功能：神经网络对外界数据的辨识和分类功能非常强大。输入数据的分类实质上是在样本空间中找到符合分类要求的区域，每一个区域的样本都是一个类别。

（3）优化计算功能：最优解是寻找一组参数组合，在给定的条件下使得目标函数最小化。

（4）非线性映射功能：对于过程控制、系统识别、故障诊断等诸多实际问题，系统的输入和输出之间的非线性关系很复杂。相较于传统的数理方程，神经网络在非线性数学建模领域中有着得天独厚的优势。它可以对任何复杂的非线性函数进行训练和学习。其优良的特性使得它可以作为一个通用的多维非线性函数的数学模型。

5.1.3 人工神经网络模型

5.1.3.1 生物神经元的结构

神经细胞是构成神经系统的基本单位，即"神经元"。神经元包括细胞体、树突、轴突。

5.1.3.2 人工神经元的数学模型

神经网络是一种运算模型，它由多个节点（或神经元）直接联系在一起。除输入节点外，每个节点表示特定的输出函数或运算方式，称为激活函数 f；节点之间的连接表示信号在传输中所占的比重，称为权重 w；由于激活函数和权重的不同，网络的输出也会不同，它是对某一函数或映射关系的近似表达；在某些网络中，存在偏置项 b，因而权重求和结果的修正为 $\sum wx + b$，人工神经元模型如图 5.1 所示。

5.1.3.3 人工神经网络的分类

神经网络有许多分类方法，如连续和离散网络、确定和随机网络、前馈网络和反馈网络。前馈网络主要有自适应线性神经网络（adaline）、单层感知器，多层感知器，反向传播神经网络（backpropagation network，BP）等。

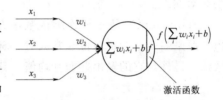

图 5.1　人工神经元模型

前馈网络：网络中的每一个神经元，都会从前一层接收信号输入，然后再输出至下一层。网络中不存在任何反馈，因此可用一个有向无环路图来描述。它通过对单一非线性函数的多重复合来实现由输入空间向输出空间的信号转换。该系统具备结构简单、易于实现等优点。前馈网络有 BP 网络等。

反馈网络：网络中的神经元之间存在反馈，可用无向完备图来描述，并且可以用动力学系统理论对这种神经网络的状态变量进行分析。反馈网络包括 Hopfield、BAM、Hamming 等。

5.1.3.4 人工神经网络基本结构

神经网络通常包括输入层、一个或多个隐含层以及一个输出层，每个神经层都由多个神经元构成。

神经元是神经网络的基本单元。不同单元以分层的形式组成，各层神经元分别与前、后两层神经元相连，包括输入层、隐含层和输出层。3 层之间相互联系构成一个神经网络。输入层接收外界信息，它包括能够从样本中接收多种信息的输入单元。其所有神经元都是不参与任何运算，只为下一层传递信息；隐含层位于输入层与输出层之间，隐含层的作用在于分析，它将输入和输出两个层结合在一起，使之与数据需求更加匹配。最后，输出层产生最终结果，各输出单元与某一类别相对应，并为网络提供结果值。整个网络通过对连接强度的调整来实现学习目的。人工神经网络结构如图 5.2 所示（输入层的神经元个数与输入数据数相同，输出层的神经元个数与预期输出数据数相同)。

5.1.3.5　激活函数

激活函数是运行在神经网络神经元上的函数,用于实现神经元输入到输出的映射。激活函数的目的:增加非线性因素,改善线性模型表达能力不足的缺陷。常用的激活函数:Sigmoid、Tanh、ReLU、Leaky ReLU、PReLU、ELU、Maxout。

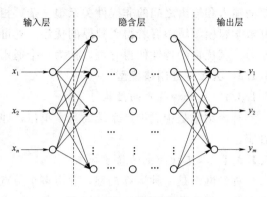

图 5.2　人工神经网络结构

1. Sigmoid 函数

Sigmoid 函数又称 Logistic 函数,取值范围为 $(0,1)$,它用于隐含层神经元的输出,可用于二分类。Sigmoid 函数表达式:$f(x) = \dfrac{1}{1+\mathrm{e}^{-x}}$。其几何形状为一条 S 形曲线。

Sigmoid 函数是一种连续函数,方便求导,其稳定性很好,可以作为输出层使用。但是当变量的绝对值非常大时,Sigmoid 函数饱和,此时它对微小的输入变化不敏感。另外,它的输出并非 0 均值,其计算也较复杂。

2. Tanh 函数

双曲正切函数 (Tanh),取值范围为 $[-1,1]$。Tanh 函数表达式:$f(x) = \dfrac{\mathrm{e}^x - \mathrm{e}^{-x}}{\mathrm{e}^x + \mathrm{e}^{-x}}$,它是 Sigmoid 函数的变形,即:$\mathrm{Tanh}(x) = 2\mathrm{Sigmoid}(2x) - 1$。

Tanh 函数为 0 均值,因此 Tanh 函数在实践中会优于 Sigmoid 函数。但是梯度饱和和计算复杂仍是其主要问题。

3. ReLU 函数

整流线性单元 (rectified linear unit,ReLU),它是当代神经网络中最常用的激活函数,被大部分前馈神经网络所使用。ReLU 函数表达式:$f(x) = \max(0, x)$。

4. Leaky ReLU 函数

渗漏整流线性单元 (leaky linear unit,Leaky ReLU),它用小值(类似 0.01)初始化神经元,以便让 ReLU 更倾向于激活负数区域而非死亡。Leaky ReLU 函数表达式:$f(x) = \max(0.01x, x)$。

5. PReLU 函数

参数整流线性单元 (parametric rectified linear unit,PReLU),主要用来解决 ReLU 神经元坏死的问题。PReLU 函数表达式:$f(x) = \max(ax, x)$。a 不固定,通过反向传播学习得到。

6. ELU 函数

指数线性单元 (exponential linear unit,ELU),虽然它具备 ReLU 的优势,但不会有神经元完全坏死的现象,平均输出接近 0,有负数饱和区,对噪声有一定的鲁棒性。其计算量也较大。ELU 函数表达式:

$$f(x) = \begin{cases} x & \text{if } x > 0 \\ \alpha(\exp(x) - 1) & \text{if } x \leqslant 0 \end{cases}$$

7. RBF 函数

径向基函数（radical basis function，RBF）是一种只与原点距离有关的实值函数。即 $\Phi(x, c) = \Phi(\|x - c\|)$。凡是满足 $\Phi(x) = \Phi(\|x\|)$ 的函数 Φ 都称为径向基函数，高斯函数是最常用的径向基函数。重要的 RBF 函数主要有如下 3 种：

（1）高斯函数：$\varphi(r) = e^{-\frac{r^2}{2\sigma^2}}$。

（2）反常 S 型函数：$\varphi(r) = \dfrac{1}{1 + e^{\frac{r^2}{\sigma^2}}}$。

（3）拟多二次函数：$\varphi(r) = \dfrac{1}{(r^2 + \sigma^2)^{\frac{1}{2}}}$。

5.1.3.6　损失函数

神经网络对数据进行分层处理，输入层的数据为神经网络整体的输入。在此基础上，各层分别以上一层的输出数据作为其输入，最后的输出层则是整个网络的输出。为减小输出值与真实值的偏差，必须对神经网络进行优化。常用损失函数对神经网络的输出误差进行量化。常见的损失函数有平方损失函数、均方差损失函数、指数损失函数、交叉熵损失函数等。

5.1.3.7　前馈神经网络

在单隐层前馈神经网络中，输入层神经元 n 个、隐含层神经元 L 个、输出层神经元 m 个。该网络输入到输出的计算过程由 3 个参数决定，分别是输入层权重、隐含层权重、隐含层偏置。前馈神经网络结构如图 5.3 所示。

设有单隐层前馈神经网络（如图 5.3 所示）n 个样本 (X_i, t_i)，其中 $\boldsymbol{X}_i = [x_{i1}, x_{i1}, \cdots, x_{in}]^T \in \boldsymbol{R}^n$，$\boldsymbol{t}_i = [t_{i1}, t_{i2}, \cdots, t_{im}]^T \in \boldsymbol{R}^m$。则若某个单隐层前馈神经网络有 L 个隐含层节点，则其可表示 $\sum\limits_{i=1}^{L} \boldsymbol{\delta}_i f(\boldsymbol{W}_i \boldsymbol{X}_j + b_i) = z_j (j = 1, \cdots, N)$。其中，$f(x)$ 为激活函数，$\boldsymbol{W}_i = [w_{i1}, w_{i2}, \cdots, w_{in}]^T$ 为输入权重，b_i 为隐含层偏置，$\boldsymbol{\delta}_i$ 为输出权重。$\boldsymbol{W}_i \boldsymbol{X}_j$ 表示 $\boldsymbol{W}_i$ 和 $\boldsymbol{X}_j$ 的内积。神经网络学习目的是使输出误差最小，表示为 $\sum\limits_{j=1}^{N} \|z_j - t_j\| = 0$，

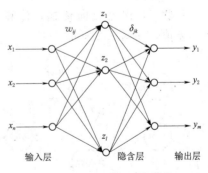

图 5.3　前馈神经网络结构

即存在 $\boldsymbol{\delta}_i$、$\boldsymbol{W}_i$ 和 b_i，使 $\sum\limits_{i=1}^{L} \boldsymbol{\delta}_i f(\boldsymbol{W}_i \boldsymbol{X}_j + b_i) = t_j (j = 1, \cdots, N)$。矩阵形式为 $\boldsymbol{H\delta} = \boldsymbol{T}$，其中，$\boldsymbol{H}$ 是隐含层节点的输出，$\boldsymbol{\delta}$ 为输出权重，$\boldsymbol{T}$ 为期望输出。

$$H = \begin{bmatrix} f(\boldsymbol{W}_1 \cdot \boldsymbol{X}_1 + \boldsymbol{b}_1) & \cdots & f(\boldsymbol{W}_L \cdot \boldsymbol{X}_1 + \boldsymbol{b}_L) \\ \vdots & \cdots & \vdots \\ f(\boldsymbol{W}_1 \cdot \boldsymbol{X}_N + \boldsymbol{b}_1) & \cdots & f(\boldsymbol{W}_1 \cdot \boldsymbol{X}_N + \boldsymbol{b}_L) \end{bmatrix}_{N \times L} \tag{5.1}$$

$$\boldsymbol{\delta} = \begin{bmatrix} \delta_1^{\mathrm{T}} \\ \vdots \\ \delta_L^{\mathrm{T}} \end{bmatrix}_{L \times m} \tag{5.2}$$

$$\boldsymbol{T} = \begin{bmatrix} T_1^{\mathrm{T}} \\ \vdots \\ T_N^{\mathrm{T}} \end{bmatrix}_{N \times m} \tag{5.3}$$

经过训练单隐层神经网络能够得到最优的参数值，即 $\hat{\boldsymbol{W}}$、$\hat{\boldsymbol{b}}_i$ 和 $\hat{\boldsymbol{\beta}}_i$，使得 $\| \boldsymbol{H}(\hat{\boldsymbol{W}}_i, \hat{\boldsymbol{b}}_i) \hat{\boldsymbol{\beta}} - \boldsymbol{T} \| = \min_{\boldsymbol{W}, \boldsymbol{b}, \boldsymbol{\beta}} \| \boldsymbol{H}(\boldsymbol{W}_i, \boldsymbol{b}_i) \boldsymbol{\beta}_i - \boldsymbol{T} \| (i = 1, \cdots, L)$，相当于损失函数最小化；可用梯度下降算法来求解这些问题，但基于梯度的学习算法需要在迭代的过程中对所有参数进行调整。

5.1.3.8　反馈神经网络

反馈神经网络，又称为递归网络或回归网络，它是一种在输入层面上进行时移后再进入输入层的神经网络。在这种网络中，神经元可以彼此相连，有些神经元的输出也会反馈到同一层或前几层。

1. 原理

（1）误差的反向更新。

步骤 1：计算输出值与实际值间的偏差，如图 5.4 所示。

步骤 2：误差反向传播，计算节点误差值，如图 5.5 所示。

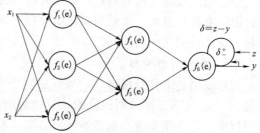

图 5.4　误差计算

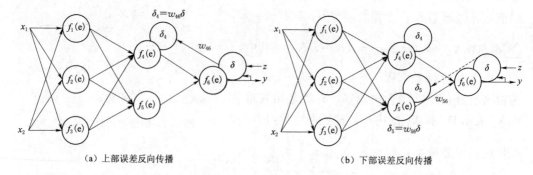

（a）上部误差反向传播　　　　　（b）下部误差反向传播

图 5.5　误差开始反向传播

步骤 3：以步骤 2 中计算出的误差为起始，依次传输。

同理可得：$\delta_2 = w_{24}\delta_4 + w_{25}\delta_5$，$\delta_3 = w_{34}\delta_4 + w_{35}\delta_5$。

（2）权值的正向更新。

步骤 4：误差的产生往往是由于输入值与权重的计算造成的，因为输入值往往是一成不变的，所以可通过权重更新来调整误差。当步骤 1 中计算出的误差被一层层反向传递时，各节点只需更新其所对应的误差，如图 5.6 所示。

图 5.7 中，$w_{(x1)1}$、$w'_{(x1)1}$ 分别为权重更新前后的权重值，η 为学习速率，$\delta\dfrac{\mathrm{d}f_1(\mathrm{e})}{\mathrm{d}\mathrm{e}}$ 为当前神经元所对应的误差，x_1 为当前神经元的输入。权重更新过程为减法。

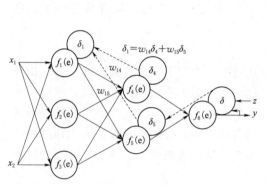

图 5.6　误差依次传播　　　　　　图 5.7　权值正向更新

2. 公式

（1）前向传播算法。

隐含层的输出值：$a_h^{HI} = W_h^{HI} \times X_i$，$c_h^{HI} = f(a_h^{HI})$。

其中，X_i 为当前节点的输入值，W_h^{HI} 为连接节点的权重，a_h^{HI} 为输出值，f 为当前激活函数，c_h^{HI} 为节点的输入值经过计算后的激活值[17]。

输出层的输出值：$a_k = \sum W_{hk} \times c_h^{HI}$。

其中，W_{hk} 为输入权重，c_h^{HI} 为输入到输出节点的输入值。将每个输入值加以权重运算后得到的结果值作为神经网络的最终输出值 a_k。

（2）反向传播算法。

输出层误差项：$\delta_k = \dfrac{\partial L}{\partial a_k} = Y - T$。

输出层误差：$\delta_h^{HI} = \dfrac{\partial L}{\partial a_h^{HI}}$。

（3）权重的更新。

反馈神经网络的计算目的是更新权重，类似于梯度下降算法，其更新方式是通过模仿梯度下降对权重进行更新：$\theta = \theta - \alpha(f(\theta) - y_i)x_i$。即 $W_{ji} = W_{ji} + \alpha \times \delta_j^l \times x_{ji}$，$b_{ji} = b_{ji} + \alpha \times \delta_j^l$。

其中，ji 为反向传播的节点系数，权重的更新方法与计算当前层输出对于输入的

梯度 δ_j^l，b 的更新类似。

5.1.4　人工神经网络的应用

1. 故障诊断的基本思路

使用神经网络进行故障诊断的基本思路是：将故障状态的信号作为神经网络的输入，将诊断结果作为神经网络的输出。先利用原始的故障状态信号和诊断结果对神经网络进行训练，并用权重来记忆故障信号与诊断结果之间的对应关系；然后将需要诊断的故障信号加到神经网络的输入端，利用训练好的神经网络进行故障诊断。近年来，在水力机组振动故障诊断中，基于神经网络的故障诊断方法得到广泛的应用。径向基神经网络是目前国内最成熟、应用最广的一种方法，它可以实现任意的非线性逼近。

2. 水力机组故障诊断的步骤

水力机组故障的成因非常复杂。在实际运行中，收集了大量数据。如果对原始资料直接实施故障诊断，将会出现神经网络规模巨大、训练周期较长等问题，进而造成故障诊断效果和精确度都较低。所以，在工程实践中，常采取主成分分析和神经网络算法相结合的方式实现水力机组故障诊断，再将所得到的故障样本数据输入神经网络进行学习，最终得出对水力机组的故障诊断结论，从而实现简单、快速、准确的故障诊断。水力机组故障诊断流程如图 5.8 所示。

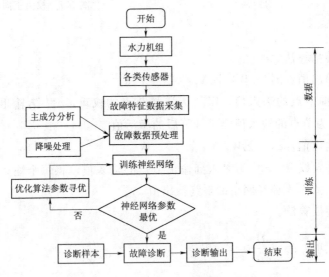

图 5.8　水力机组故障诊断流程图

神经网络故障诊断步骤如下：

（1）故障特征数据采集。水力机组由于其结构复杂，发生故障的原因多种多样，但据统计，水力机组约有 80% 的故障或事故都是由振动所引起的。机组振动按振动形态的不同可分为三大类：机械振动、电气振动和水力振动。因此，首先要从机组的振动特征入手，利用传感器（包括压力传感器、电涡流传感器等）等测试手段，获取机组测试数据，提取特征参数，以便分析诊断。

（2）故障数据预处理。一方面，由于原始样本数据中多重复信息，因此通常采用主成分分析的方法来进行故障数据的处理，剔除多余无关的特征，最终只保留对故障诊断有较大影响的数据。另一方面，现实中的水力机组的振动事故信号属于多个振动源重叠、耦合的杂乱信号，而早期事故信号往往容易被强噪声影响，无法辨识。因此为了正确分析信号，就必须进行降噪处理，以便凸显其特征。目前常见的降噪方法有小波变换、经验模态分解（EMD）、变分模态分解、奇异值分解（SVD）等。

（3）训练神经网络。训练数据来源于同类型诊断对象在正常运行和故障运行时的特征参数。在挑选训练样本时，应坚持的基本原则：相容性，即各类样本之间不能交叉冲突；遍历性，即样本应有典型性。将故障数据预处理后的最佳特征属性作为神经网络的输入，故障类别作为神经网络的输出，构建神经网络模型，神经网络进行自学习，学习过程中也可利用优化算法对神经网络的参数进行优化。最终得到神经网络故障诊断的最佳模型。

（4）诊断输出。将水力机组的诊断数据输入训练好的神经网络进行诊断和分析，若不满足预先确定的精度要求，则需不断重复步骤（2）和步骤（3），直到输出结果符合诊断的精度要求。

资源 5.1
水力发电机
组故障预测
与智能诊断
系统

5.2 基于深度学习算法的故障诊断理论

深度学习（deep learning，DL）是机器学习的一个重要分支，通过建立涵盖多个隐含层的神经网络模型，并结合大量的训练数据、少量的单层参数和深层的网络结构来提高分类和预测的准确性。经过十多年的发展，其在提取故障特征和故障类型诊断等方面表现出浅层神经网络难以比拟的优势，在水力机组故障诊断方面也展现出非常广阔的应用前景。

深度学习思想是在人脑视觉机制的基础上诞生的，其概念来源于传统的人工神经网络。它通过堆叠多层来实现输入信息的渐进抽象表达，从而找到数据的分布式特征。与人工神经网络、支持向量机（support vector machine，SVM）、k 近邻（k - nearest neighbor，KNN）等浅层机器学习方法相比，深度学习能够建立多层非线性网络结构，从而高效地模拟和接近所有复杂函数，同时具备从少量的样本中学习其基本特征的强大功能。目前，深度学习的基本方法主要包括卷积神经网络（convolutional neural network，CNN），受限玻尔兹曼机（restricted boltzmann machine，RBM），自编码器（auto - encoder，AE），下面将逐一介绍各种方法。

5.2.1 卷积神经网络

卷积神经网络是一种前馈神经网络，其模型结构多种多样，一般由输入层、卷积层、池化层、全连接层和输出层组成。卷积算法的优势在于权重共享和平移不变性，同时也充分考虑了像素空间的关系。为了进行对象辨识和分类，卷积神经网络将特征提取过程交由计算机，整个图像的采集流程并没有经过手工设计，完全由计算机自行实现。

1. 卷积神经网络整体架构

卷积神经网络是属于多层网络，每一层由多个二维平面构成。作为一种多层监督学习的神经网络，其隐含层的卷积层和池化层是卷积神经网络能够实现特征提取功能的核心模块。该网络模型采用频繁的迭代训练进行逐步反向调整网络系统中的权重参数，以降低损失函数，从而提高网络的精度。图 5.9 为卷积神经网络整体架构图。

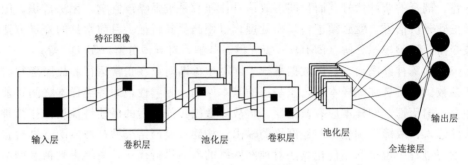

图 5.9　卷积神经网络整体架构图

如图 5.9 所示，卷积神经网络的前端由卷积层和池化层交互形成，其后端是全连接层，相当于传统多层感知器的隐含层和逻辑回归分类器。第一个全连接层的输入是从卷积层和子采样层中提取的特征图像。最后一层输出层是一个分类器，可用于逻辑回归，如 Softmax 回归等。

（1）卷积层。卷积层利用卷积操作对所有输入样本和卷积核做内部积运算，进而完成对输入图像的特征提取。为获得特征图，卷积层使用同一卷积核对每个输入样本进行卷积操作。卷积操作的好处在于可使原信号特性提高，并降低噪声。

（2）池化层。池化层又称为下采样层，其作用是减少卷积层产生的特征图像的尺寸。它可以降低空间维度，而不会降低网络的深度。在使用池化层时，可选择特定区域，根据该区域的特征图得到新的特征图。

（3）全连接层。全连接层也是卷积神经网络的重要组成部分，其在输出层之前，主要是对网络中所获得的特征图的信息进行整合处理，并将多个二维特征图输出为一个特征向量。

（4）输出层。输出层是卷积神经网络的最后一层，其神经元的个数取决于最终需要对样本进行分类的类别数量。

2. 卷积神经网络的特点

卷积神经网络由于其具有局部连接、权重共享、池化的结构特点，使得其广泛应用于图像处理领域。与其他神经网络相比，卷积神经网络的特点主要体现在 3 个方面：①局部连接（local field）；②权重共享（shared weights）；③池化（pooling）。这 3 个特点使得它大大提高了计算速度，减少了连接数量。

（1）局部连接。卷积神经网络层与层之间的神经元节点是利用层与层之间的局部空间相关性将相邻的每层神经元节点只连接到和它相近的上层神经元节点，即局部连接，这也是它与 BP 神经网络最重要的区别之一。

图 5.10 为卷积神经网络局部连接示意图。假设 $k-1$ 层是输入层，k 层的神经元节点只与它相邻的 3 个节点连接，这将显著降低神经网络架构的参数规模。

（2）权重共享。权重共享就是指在相同的特征映射上所有的神经元使用相同的权重参数。卷积神经网络在进行图像处理时，对输入图像中的某个小范围中像素加权平均后，会形成输出图像中的每个对应像素，其权值由一个函数定义，这个函数称为卷积核，又称滤波器。将卷积层中的卷积核视为一个滑动窗口，对输入图像按

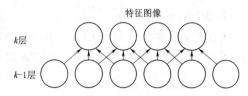

特征图像

图 5.10　卷积神经网络局部连接示意图

一定的步长进行卷积，卷积结果就形成了输入图像的特征图，以此完成局部特征的提取。每个卷积滤波器共享相同的参数，包括相同的权重矩阵和偏置项。

权重共享的好处在于提取图像特征时不需要考虑局部特征的相对位置，同时也大大减少了要学习的卷积神经网络建模参数的数量。

（3）池化。池化是构建卷积神经网络时广泛采用的一种技术，旨在通过降采样操作减小特征图的空间尺寸，降低卷积层输出特征的维度。常见的方式有最大值池化、最小值池化、随机池化等。通过池化，可以使这些数据特征具有更低的维度；可压缩数据和参数的数量，以减少过拟合；通过缩小数据规模，以提高计算速度。

最大池化（max pooling）是指选择图像区域中的最大值作为该区域池化后的值。由于在通过卷积获得图像特征后，使用这些特征进行分类时会产生较大的计算量，易产生拟合现象，以致无法得到合理的结果。因此，在得到图像的卷积特征之后，应采用最大池采样方法进行降维。其方法是将卷积特征分成若干个 $n \times n$ 的不相交区域，用这些区域的最大特征来表示降维后的卷积特征，经过降维后这些特征更易分类。

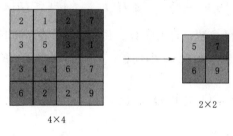

4×4

2×2

图 5.11　最大池化示意图

以最大池化为例，如图 5.11 所示。输入一个 4×4 矩阵，进行最大池化的池化窗口为一个 2×2 矩阵。将 4×4 矩阵分割成不同的区域，并使用不同的颜色标记；输出 2×2 矩阵，所输出的每一个元素都为其在相应颜色区域中的最大元素值。由于步长为 2，因此每个 2×2 的区域互不交叉，最后得出的池化特征大小为 2×2，在这个过程中分辨率变为原来的一半。

5.2.2　受限玻尔兹曼机

受限玻尔兹曼机是由图模型的神经网络发展而来的，多个受限玻尔兹曼机组成了深度置信网络（deep belief network，DBN）。它是一种具有多个隐含层的深层次结构，拥有极强的特征表达能力，可以通过无监督的方式自动学习如何对训练目标进行特征提取。为准确构建模型，它包括无监督的预训练过程和监督的微调策略。通常，由于梯度消失的问题，很难在具有多个隐含层的深层结构中学习大量参数。为解决这个问题提出了一种高效的训练策略，该策略采用逐层学习的方法，其中每相邻的两层被视作一个 RBM 进行训练。因为深度置信网络由受限玻尔兹曼机的基本单元组成，因此首先介绍 DBN 基本单位，即 RBM。

1. RBM 框架

RBM 是概率统计理论中常用的数学模型，遵循对数线性马尔可夫随机场理论（Markov Random Field，MRF）。RBM 模型包括两层：一层为输入层，也称为可见

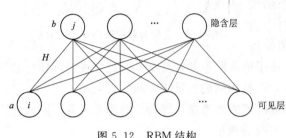

图 5.12　RBM 结构

层；另一层为输出层，也称为隐含层。RBM 的所有可见单元都与隐单元完全连接，而同一层单元之间没有连接，即层内无连接，层间全连接。RBM 结构如图 5.12 所示，a 代表可见层，用于表示观测数据，b 代表隐含层，可作为某些特征提取器，H 代表两层之

间的连接权重。RBM 中的可见单元和隐单元是一种指数族单元，对于给定的隐单元（可见单元），可见单元（隐单元）的分布可以是任何指数族分布，如高斯单元、泊松单元、Softmax 单元等。为了便于讨论，假设所有可见单元和隐单元都是二值变量，即 $\forall i$，j，$a_i \in \{0, 1\}$，$b_j \in \{0, 1\}$。

由 RBM 的结构示意图可知，每个 RBM 是由 m 个可见单元与 n 个隐单元构成，可见单元和隐单元的状态分别用向量 a 和 b 表示。其中，a_i 表示第 i 个可见单元的状态；b_j 表示第 j 个隐单元的状态。当给定一组状态（a，b）时，RBM 所具备的能量定义为

$$E(a, b \mid \theta) = -\sum_{i=1}^{n} x_i a_i - \sum_{j=1}^{m} y_j b_j - \sum_{i=1}^{n} \sum_{j=1}^{m} a_i H_{ij} b_j \tag{5.4}$$

在式（5.4）中，$\theta = \{H_{ij}, x_i, y_j\}$ 是 RBM 的参数，均为实数。其中，H_{ij} 表示可见层单元 i 与隐单元 j 的神经元连接权重；x_i 表示可见单元 i 的偏置；y_j 表示隐单元 j 的偏置。

当以上参数确定后，基于能量函数公式（5.4）可以得到（a，b）的联合概率密度分布为

$$p(a, b \mid \theta) = \frac{1}{Z(\theta)} \exp(-E(a, b)) \tag{5.5}$$

$$Z(\theta) = \sum_a \sum_b \exp(-E(a, b)) \tag{5.6}$$

其中，$Z(\theta)$ 为所有可能情况下的能量和，概率的形成是某一个状态的能量除以总的可能状态能量之和。由于 RBM 满足条件独立性，也就是只要给定某层单元的状态，则另一层的单元状态就可以表示出来，其等式见式（5.7）和式（5.8）。

$$P(b \mid a) = \prod_i P(b_i \mid a) \tag{5.7}$$

$$P(b \mid a) = \prod_j P(b_i \mid a) \tag{5.8}$$

要得到所有隐含层或可见层状态的条件概率函数，可以首先假定可见层或隐含层的所有单元状态都是已知的，此时，条件概率可以写成式（5.9）和式（5.10）。

$$P(\boldsymbol{a}_i = 1 \mid \boldsymbol{b}) = \sigma(x_i + \sum_j \boldsymbol{b}_i H_{ij}) \tag{5.9}$$

$$P(\boldsymbol{b}_j = 1 \mid \boldsymbol{a}) = \sigma(y_j + \sum_i \boldsymbol{a}_i H_{ij}) \tag{5.10}$$

其中，$\sigma(\cdot)$ 代表激活函数，通常可选择 Sigmoid 函数，其数学表达式为：$\mathrm{Sigmoid}(x) = (1 + \exp(-x))^{-1}$。

2. DBN 模型框架

DBN 模型是一种深层网络结构，具有多层隐含层，可由多个网络结构组成。如图 5.13 所示，DBN 模型将一个 RBM 和另一个 RBM 堆叠在一起，通过叠加多个 RBM 形成深层网络体系结构。因为 DBN 有多个隐含层，所以它可以从输入数据中学习，从而提取每个隐含层对应的层次表示。

网络模型的权重和偏差通过逐层学习获得，基本结构是确定的，根据分类过程预测故障类别。这种方式是一个有监督的微调过程，利用反向传播训练算法实现微调，采用标记数据进行训练，从而提高分类任务的识别能力。无监督训练过程一次训练一个 RBM，然后用标签调整整个模型的权重，DBN 输出与目标标签的区别则被认为是训练错误。深度网络参数将根据学习规则更新，以此来获得最小误差。

对于分类任务，深层次结构的参数需要在逐层训练层数后微调。这是一个由高层到低层的向后有监督微调阶段，从高层到低层，通过使用标签减少训练误差，从而有效提高分类准确性[18]。如图 5.14 所示。

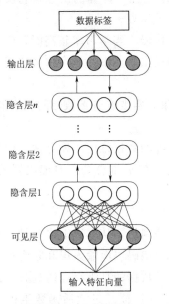

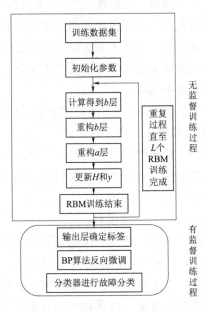

图 5.13　DBN 结构图　　　　图 5.14　DBN 诊断模型

在 DBN 网络训练结束后，所有网络模型参数都是固定的，之后测试训练好的 DBN 模型的分类能力。在对所采集到的原始数据进行特征提取之后，将其作为特征向量输入到已经训练好的 DBN 网络模型中，利用 DBN 网络判定该信号是哪种故障类型，并将分类准确率作为评价指标。

3. DBN 模型的参数选择

DBN 网络故障识别不仅依赖于算法，还需要调整网络参数。一般来说，浅层网络模型的识别精度可能有限，而深层网络会增加训练的难度，消耗更多的时间，甚至导致过拟合。其次，模型权重的初始化、迭代次数的大小和学习率的选择也可能会影响网络模型的训练速度和识别率。因此，正确选择模型参数对网络训练有很大的影响。

（1）输入、输出层节点：输入层大小是单个样本的数据长度，输出层节点取决于样本类型。

（2）隐层数：目前还没有选择隐层节点数量的标准，但可参考式（5.11）。

$$S=\sqrt{m+n}+x \tag{5.11}$$

（3）权重和偏置：DBN 在无监督学习过程中，需要初始化各节点的权重和偏置值。初始化设置可根据式（5.12）进行：

$$h=0.1\times\mathrm{randn}(n,m)$$
$$x=0.1\times\mathrm{randn}(1,n)$$
$$y=0.1\times\mathrm{randn}(1,m) \tag{5.12}$$

其中，randn（）表示产生标准正态分布的随机数，randn（n,m）则表示产生 n 行和 m 列正态分布矩阵。

（4）迭代次数：迭代次数表示 DBN 网络训练过程中计算的次数，它决定了网络逼近能力的大小，对于实现网络的高性能表现至关重要。

（5）学习率：学习率直接影响了训练过程的快慢。当学习率较高时，学习速度较快，但在模型训练过程中可能会产生振荡，从而跳出最优解；学习率较小时，可能会在迭代周期内不收敛。

所以要想 DBN 模型对故障诊断有很好的效果，需要在各参数之间找到最佳配比。

5.2.3　自编码器

自编码器是神经网络的一种，属于无监督学习的数据维度压缩算法。因其内部层数通常不能过深，所以单个自编码器会逐个训练，然后堆叠若干自编码器的编码层，以实现深度学习的训练过程。

1. 自编码器的基本结构

自编码器作为一种基于无监督学习的对称神经网络，从本质上讲，是一种浅层神经网络结构，一般由编码层和解码层组成。其中，编码层由输入层和隐含层组成，解码层由隐含层和重构层组成。先由编码过程将输入数据的高维特征通过激活函数转换为隐含层的低维特征，再通过解码过程将隐含层的特征经过激活函数重构为输出目标。编码可以通过约束编码器和解码器来学习输入的一些有用特性。

如图 5.15 所示，自编码器的结构揭示了隐含层维数与输入维数之间的密切关系。这种关系可以细化为 3 种情形：当隐含层的维数大于输入的维数时，称之为升维；反之，当隐含层的维数小于输入的维数时，称之为降维；而当两者的维数相等时，则称之为同维。

2. 编码器的类型

除一般自编码器外，主要类型还有降噪自编码器、栈式自编码器等。

（1）降噪自编码器。降噪自编码器（denoising autoencoder，DAE）是在自编码器的基础上发展而来的，对于有噪声的输入数据，降噪自编码器要做的就是对数据进行降噪。如图 5.16 所示，该网络结构与自编码器相同，只修改了训练方法。修改后的训练过程如图 5.17 所示。降噪自编码器向训练样本中加入噪声得到样本 $x*$，得到含有噪声的样本后，输入给输入层，而自编码器则是将训练样本直接输入给输入层。

$$x^* = x + vx \tag{5.13}$$

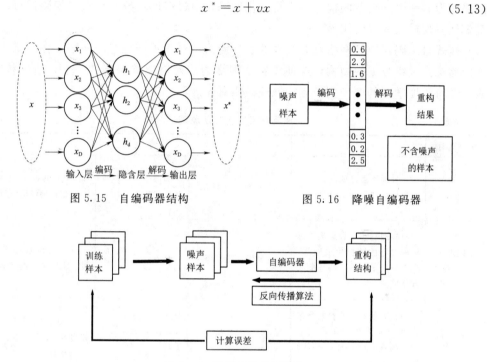

图 5.15　自编码器结构　　　　图 5.16　降噪自编码器

图 5.17　降噪自编码器训练

随机噪声 v 服从均值为 0、方差为 σ^2 的正态分布。通过训练神经网络，使得重构结果和无噪声数据间的偏差收敛到下确界。误差函数能对不包含噪声的输入样本加以检测，故降噪自编码器可以进行如下两项训练：①减少输入样本中包含的噪声；②在保证输入样本质量不变的前提下能得到最好的反映样本性能的数据。

（2）栈式自编码器。栈式自编码器（stacked autoencoder，SAE）是由多层训练好的自编码器组成的神经网络，每一级都是以前一级的表达特征为依据，从中选择更抽象、更复杂的特征，进而完成分类的工作。栈式自编码器是单个自编码器，它们通过虚构一个 $x \to h \to xx \to h \to x$ 的 3 层网络，就能训练出一

图 5.18　去除输出层的
自编码器

种特征变化 $h = f(Wx+b)h = f(Wx+b)$。事实上，当训练结束后，输出层已没有任何作用，所以一般直接将它去除，以图 5.18 表示去除输出层的自编码器。

将多个自编码器逐层堆叠后，栈式自编码系统简图如图 5.19 所示。

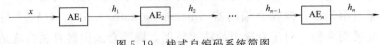

图 5.19　栈式自编码系统简图

如图 5.19 所示，其基本结构由输入层和中间层多层堆叠构成，首先训练第一层编码器，然后保留第一个自编码器的编码器部分，再训练第一个自编码器的中间层并将其作为第二个自编码器的输入层。后续步骤则是通过反复利用前一个自编码器的中间层作为后一个编码器的输入层进行迭代训练，通过多层堆叠，栈式自编码器可以很高效地实现输入模式的压缩。

栈式自编码器神经网络具有极强的表达能力，对于预训练好的网络，在一定程度上能够拟合训练数据的结构，这使得整个网络的初始值能够保持在一个合适的状态。表 5.1 将深度学习的 3 种主流方法原理做出对比。

表 5.1 深度学习主流方法原理

方法名称	简　介	组　成	特　点	衍生方法
卷积神经网络	一种前馈神经网络，多用于图像处理领域	输入层、卷积层、激活函数、池化层、全连接层	局部连接、权重共享、池化	全卷积神经网络、深度卷积神经网络等
受限玻尔兹曼机	一种通过输入数据集学习概率分布的随机生成网络，广泛应用于降维、特征学习等领域	可见层、隐含层	层内无连接、层间全连接	分类受限玻尔兹曼机、深度置信网络等
自编码器	一种有效的无监督的数据维度压缩算法，在数据去噪，故障诊断，图像修复领域有广泛应用	编码器、解码器	压缩表示、信号重现	降噪自编码器、稀疏自编码器、栈式自编码器等

5.2.4　基于深度学习算法的诊断应用

振动状态是机组运行状况的直观反映，通过对振动的深入分析，可以有效地诊断并预测机组可能存在的故障。本节以水力机组实际运行过程中常见的振动故障为实例，构建基于卷积神经网络的诊断模型。

基于卷积神经网络的水力机组故障诊断过程如下[19]：

（1）获取水力机组的振动信号。

（2）将收集到的水力机组振动信号进行处理与分析，减少干扰信息，并将所得样本划分为训练集样本与测试集样本。在信号分析方面，主要方法有时域分析、频域分析以及时频分析等方法。

（3）构建卷积神经网络并初始化网络参数，确定网络的具体配置参数。

（4）网络训练，通过计算得出实际输出与预期目标之间的偏差。

（5）评估当前网络的收敛状态，判断其是否已达到稳定状态。

（6）若在第（5）步中检测到网络尚未达到收敛状态，则需启动反向传播流程，对权重参数进行必要的更新与优化，直至网络最终收敛。

（7）若在第（5）步确认网络已收敛，则需评估是否达成迭代终止的预设条件，即网络性能是否达到实际应用的要求。若满足条件，则继续执行后续步骤；若不满足，则需回溯至第（3）步，重新进行迭代训练，直至满足预设要求。

（8）将训练好的卷积神经网络模型应用于水力机组的故障诊断中，以实现精准的故障识别和诊断。

（9）输出样本的分类结果信息。

（10）结束。

卷积神经网络故障诊断流程如图 5.20 所示。

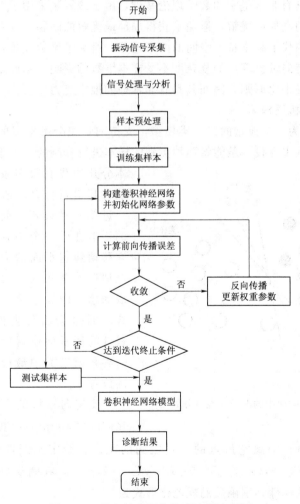

图 5.20　卷积神经网络故障诊断流程图

5.3　基于支持向量机的故障诊断理论

5.3.1　支持向量机概述

支持向量机（support vector machine，SVM）是近些年备受关注的一种机器学习算法，是由 Corinna Cortes 和 Vapnik 于 1995 年以统计学习理论为基础提出的一类监督学习的分类器，它在处理小样本、非线性、模式识别问题中具有较强的优势。该方法可广泛应用于故障分类与预测、图像识别、信号处理等领域。

支持向量机是一种典型的二分类模型，它是通过寻找一个超平面实现有限训练样本的有效分割，分割的原则是使每个样本到该超平面的间隔最大。当训练样本线性可分时，通过硬间隔最大化，学习一个线性可分支持向量机；当训练样本线性不可分时，通过核技巧和软间隔最大化，学习一个非线性支持向量机。

支持向量机具有非常坚实的数学理论基础，由于该算法采用了二次规划寻优，因此可以得到问题的全局最优解，避免了获得局部最优解的问题。针对高维问题，通过核函数的引入，取代了高维特征空间的内积运算，避免了维数灾难，巧妙地解决了维数问题，使得支持向量机算法的复杂度不受样本维数的影响。除此之外，由于该算法采用了结构风险最小化原则，因而其具有非常好的推广能力。

5.3.2　支持向量机原理

图 5.21 所示为一个典型的二分类模型，支持向量机分类学习的基本思想就是基于该样本空间，从中寻找一条能将两种类别的样本进行分割的线。很明显能将两类样本分开的线有很多条，图中 3 条线均能将其进行分开。假设选择的超平面靠近第一类样本，此时，若对第一类的样本进行一个小扰动，可能会导致它移动到超平面的另一侧，从而被错误地归类为第二类样本。同理，若选取的超平面靠近第二类样本，当发生扰动时也会出现类似的情况。因此，最佳的超平面位置应是尽可能远离第一类和第二类中最接近该超平面样本的位置。

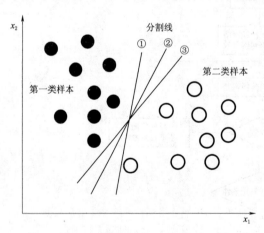

图 5.21　二维空间中的两类线性可分数据

支持向量机的主要目标就是最大化间隔（Margin），间隔是超平面与两个分类（支持向量）中离它最近的向量之间的距离。给定某线性可分样本集 $D = \{(x_1, y_1), (x_2, y_2), \cdots, (x_m, y_m)\}$ $x \in R^n$，$y \in \{-1, +1\}$，在图 5.20 的二维线性空间中，划分超平面的线性判别函数的规范化形式为

$$w^\mathrm{T} x + b = 0 \tag{5.14}$$

其中，x 是一个特征向量，w 是一个 m 维权重向量，标量 b 是一个偏差。权重向量与

超平面正交并控制其方向，而偏差控制其位置。

将超平面记为 (w, b)，样本空间中的任意点 x_i 到该超平面的距离可表示为

$$r = \frac{|w^T x_i + b|}{\|w\|} \tag{5.15}$$

式中　r——间隔。

很明显，若超平面 (w, b) 能够将样本正确分类，则有

$$\begin{cases} w^T x_i + b > 0, y_i = +1 \\ w^T x_i + b < 0, y_i = -1 \end{cases} \tag{5.16}$$

为了得到使间隔最大的超平面，超平面通常是要大于某个正数 ξ，于是存在：

$$\frac{|w^T x_i + b|}{\|w\|} \geqslant \xi \tag{5.17}$$

转变上式为 $|w^T x_i + b| \geqslant \|w\| \xi$，若取 $\|w\| \xi = 1$，上式可以表示为

$$|w^T x_i + b| \geqslant 1 \tag{5.18}$$

于是有

① $w^T x + b \geqslant 1$，当 $y_i = +1$；

② $w^T x + b \leqslant 1$，当 $y_i = +1$。

距离超平面最近的几个样本点，也就是位于临界超平面上的点恰好使得式 (5.18) 中的等号成立，它们被称为支持向量（support vector），此时两类样本点到超平面的距离之和为

$$\begin{cases} r = \dfrac{2}{\|w\|} \\ \text{s. t. } y_i(w^T x_i + b) \geqslant 1 \quad i = 1, 2, \cdots, m \end{cases} \tag{5.19}$$

二维空间中的支持向量机与间隔如图 5.22 所示。

最优的超平面就是具有"最大间隔"的超平面，因此，根据式 (5.19)，只要找到满足式中约束条件的 w 与 b，使得 r 最大即可，其等价于最小化 $\|w\|^2$，由此可得

$$\begin{cases} \min \dfrac{1}{2} \|w\|^2 \\ \text{s. t. } y_i(w^T x_i + b) \geqslant 1 \quad i = 1, 2, \cdots, m \end{cases} \tag{5.20}$$

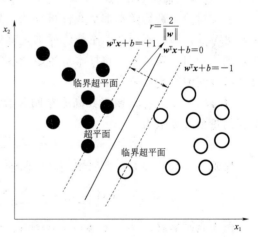

图 5.22　二维空间中的支持向量机与间隔

式 (5.20) 是一个二次规划（quadratic programming, QP）问题，可以利用拉格朗日乘子法进行求解。上述问题的拉格朗日函数可写为

$$L(w, b, \alpha) = \frac{1}{2} \|w\|^2 - \sum_{i=1}^{m} \alpha_i [y_i(w^T x_i + b) - 1] \tag{5.21}$$

式中　$\boldsymbol{\alpha} = (\alpha_1, \alpha_2, \cdots, \alpha_m)^{\mathrm{T}}, \alpha_i \geqslant 0$——lagrange 乘子，其与训练样本相对应。

求取上式的最大值即为求取最小化的 $\|\boldsymbol{w}\|^2$。令 $L(\boldsymbol{w}, b, \boldsymbol{\alpha})$ 对 $\boldsymbol{w}$ 与 b 的偏导数为 0 可得

$$
\begin{cases}
\boldsymbol{w} = \sum_{i=1}^{m} \alpha_i y_i \boldsymbol{x}_i \\
0 = \sum_{i=1}^{m} \alpha_i y_i
\end{cases}
\tag{5.22}
$$

将上式代入式（5.21）消去 $\boldsymbol{w}$ 和 b，得到原问题的对偶问题：

$$
\begin{cases}
\max \left(\sum_{i=1}^{m} \alpha_i - \dfrac{1}{2} \sum_{i=1}^{m} \sum_{j=1}^{m} \alpha_i \alpha_j y_i y_j (\boldsymbol{x}_i^{\mathrm{T}} \boldsymbol{x}_j) \right) \\
\text{s. t. } y_i(\boldsymbol{w}^{\mathrm{T}} \boldsymbol{x}_i + b) \geqslant 1 \quad i = 1, 2, \cdots, m \\
\alpha_i \geqslant 0
\end{cases}
\tag{5.23}
$$

上式的求解需满足 Karush-Kuhn-Tucker（KKT）条件，具体为

$$
\begin{cases}
y_j(f(x_i) - 1) \geqslant 0 \\
y_j f(\boldsymbol{x}_i) - 1 \geqslant 0 \\
\alpha_i \geqslant 0
\end{cases}
\tag{5.24}
$$

式中 $f(\boldsymbol{x}) = \boldsymbol{w}^{\mathrm{T}} \boldsymbol{x} + b$。

这是一个标准的二次规划问题，在一个不等式约束条件下进行二次函数寻优，利用最小最优化算法能够求得该类问题存在的唯一解。求得的最优化解为

$$
\boldsymbol{\alpha}^* = (\alpha_1^*, \alpha_2^*, \cdots, \alpha_m^*)^{\mathrm{T}}
\tag{5.25}
$$

计算得到 $\boldsymbol{\alpha}$ 后将其回代就可求得最优分类超平面。

5.3.3　支持向量机核函数

上文讨论的训练样本都是线性可分的，然而现实很多情况下的原始样本未必都是线性可分的，即并不存在一个能将样本正确划分的超平面。针对这种问题，可以在支持向量机中引入核函数，将样本从原始的空间映射到高维的特征空间中，使得样本在该高维空间中线性可分[20]。

以 $\boldsymbol{\varphi}(\boldsymbol{x})$ 表示将 $\boldsymbol{x}$ 映射到高维空间后的特征向量，此时，在该空间中划分超平面对应的模型可表示为

$$
f(\boldsymbol{x}) = \boldsymbol{w}^{\mathrm{T}} \boldsymbol{\varphi}(\boldsymbol{x}) + b
\tag{5.26}
$$

与式（5.23）类似，该问题的对偶问题可表示为

$$
f(x) = \max \left(\sum_{i=1}^{m} \alpha_i - \frac{1}{2} \sum_{i=1}^{m} \sum_{j=1}^{m} \alpha_i \alpha_j y_i y_j \boldsymbol{\varphi}(\boldsymbol{x}_i)^{\mathrm{T}} \boldsymbol{\varphi}(\boldsymbol{x}_j) \right)
\tag{5.27}
$$

由于直接求解 $\boldsymbol{\varphi}(\boldsymbol{x}_i)^{\mathrm{T}} \boldsymbol{\varphi}(\boldsymbol{x}_j)$ 十分困难，因此，可以引入一个函数：

$$
K(\boldsymbol{x}_i, \boldsymbol{x}_j) = \boldsymbol{\varphi}(\boldsymbol{x}_i)^{\mathrm{T}} \boldsymbol{\varphi}(\boldsymbol{x}_j)
\tag{5.28}
$$

利用该函数可以避免计算高维特征空间中的内积，上式中的函数就称为核函数。核函数的选择需要 Mercer 定理。

以下给出一些被广泛使用的核函数。

（1）高斯核函数：

$$K(\boldsymbol{x}_i, \boldsymbol{x}_j) = \exp\left(-\frac{\|\boldsymbol{x}_i - \boldsymbol{x}_j\|^2}{2\sigma^2}\right), \sigma > 0 \tag{5.29}$$

（2）多项式核函数：

$$K(\boldsymbol{x}_i, \boldsymbol{x}_j) = [\boldsymbol{x}_i^{\mathrm{T}}\boldsymbol{x}_j + 1]^p \tag{5.30}$$

（3）Sigmoid 核函数：

$$K(\boldsymbol{x}_i, \boldsymbol{x}_j) = \tanh[\beta(\boldsymbol{x}_i^{\mathrm{T}}\boldsymbol{x}_j) + c] \tag{5.31}$$

（4）线性核函数：

$$K(\boldsymbol{x}_i, \boldsymbol{x}_j) = \boldsymbol{x}_i^{\mathrm{T}}\boldsymbol{x}_j \tag{5.32}$$

式中 σ、p、β、c——核参数。

当多项式核函数的阶为 1 时为线性核函数。与此同时，核函数的线性组合和笛卡尔积也仍是核函数。选择不同的核函数，在构造支持向量机时需要设定的参数是不同的。在以上核函数中，高斯核函数由于其泛化性能好的特点，成为了目前应用最为广泛的核函数。

5.3.4 基于支持向量机的诊断应用

1. 基于支持向量机的故障诊断思路

利用支持向量机进行故障诊断，首先需要对测量信号进行特征提取，获取水力机组的故障信号，如振动信号，对其进行处理，以获取反映机组故障的特征，构成故障诊断的学习集，作为支持向量机模型的特征输入；其次确定支持向量机模型参数，通过人工设定或利用优化算法等方式确定支持向量机的关键模型参数，如惩罚系数 C、核函数参数 g 等；最后建立确定的支持向量机模型，进行训练并实现对故障类别的分类，完成水力机组故障诊断。

2. 基于支持向量机的故障诊断方法

作为一种优秀的模式识别方法，支持向量机已经在水力机组故障诊断领域得到广泛应用。故障诊断前的特征提取方法主要有小波分析、经验模态分解等。特征提取后的数据输入支持向量机模型即可实现诊断。本节以经验模态分解结合支持向量机为例，介绍水力机组故障诊断的过程。

经验模态分解（empirical mode decomposition，EMD）是一种典型的信号处理方法，特别适用于非线性和非平稳信号。EMD 可以将复杂的信号分解为一组称为本征模态函数（intrinsic mode functions，IMF）的分量，以及一个残差（residual）信号。该方法依据数据自身的时间尺度特征进行信号分解，无需预先设定基函数。因此，EMD 方法可在各类工程领域中有效应用。在水力机组故障诊断中，EMD 方法也已被用于故障信号处理，进而实现特征提取，与智能算法结合实现准确的故障诊断。EMD 分解过程如下：

（1）确定局部极值：在给定信号中，找到所有的局部极大值和局部极小值。

（2）构建包络线：使用插值方法（例如：样条插值），分别将所有的极大值连接成一个上包络线，将极小值连接成一个下包络线。

（3）计算平均包络线：通过取上包络线和下包络线的平均，获得平均包络线。

（4）去趋势：用信号减去平均包络线，得到第一个临时分量。这个过程称为

"筛"或"筛分"。

（5）重复筛分过程：反复应用筛分过程，直到得到一个符合 IMF 定义的分量。IMF 的定义是：在整个信号范围内，零点和极值点数量相等或相差不超过 1。

在任何点上，包络线的平均值为 0。

（6）获取本征模态函数：当满足 IMF 的条件后，将临时分量作为一个 IMF，并从信号中减去这个 IMF，得到剩余信号。

（7）重复分解：对剩余信号重复上述过程，直到剩余信号变为单调或无法继续分解为止。

（8）分析结果：结果是一个包含多个 IMF 的集合，以及一个残差信号。IMF 反映了信号中的不同频率成分，可以用于时频分析、特征提取等。

一方面，水力机组的振动信号通常具有非线性和非平稳特性，传统的线性方法可能无法很好地处理这些信号。EMD 能够有效地将信号分解成多个本征模态函数（IMF），从而适应了信号的非线性和非平稳性，使得提取的特征更具代表性。另一方面，EMD 分解可以将原始信号分解成一系列具有明显频率特征的 IMF，这些 IMF 更容易被人类和机器识别。这有助于提高特征的可辨识性，使得后续的分类算法更容易区分不同的故障模式和运行状态。此外，SVM 是一种强大的分类算法，能够在高维空间中找到最优的超平面，将不同类别的数据分隔开来，结合 EMD 提取的特征向量，SVM 可以有效地对水力机组的故障模式进行分类，具有较高的准确性和泛化能力。因此，综合以上考虑，可将 EMD 与 SVM 结合起来进行水力机组故障诊断，通常包括以下步骤：

（1）数据采集：收集水力机组的振动、压力、温度等传感器数据，并记录不同运行状态下的数据。

（2）数据预处理：对采集到的原始数据进行预处理，包括去除噪声、滤波、采样等操作，以准备好用于后续分析。

（3）特征提取：使用 EMD 将原始信号分解为一组 IMF，并计算每个 IMF 的统计特征，如均值、方差、能量等，作为特征向量。

（4）数据标记：对提取的特征向量进行标记，将其与水力机组的不同运行状态和故障模式相对应，例如正常运行、轴承故障、叶片损伤等。

（5）训练模型：使用标记好的数据集训练 SVM 模型，通过寻找一个最优的超平面来实现数据的分类或回归。

（6）模型验证与优化：使用交叉验证等方法评估训练好的 SVM 模型的性能，并进行必要的参数调整和模型优化，以提高其准确性和泛化能力。

（7）故障诊断：将新的数据输入到训练好的模型中，利用 SVM 对数据进行分类，从而实现水力机组的故障诊断。

综上所述，结合 EMD 和 SVM 进行水力机组故障诊断的方法，可以充分利用 EMD 提取的信号特征和 SVM 的分类能力，实现对复杂非线性系统的有效诊断和监测。

第6章 水力机组诊断信息融合技术

6.1 信息融合技术概述

信息融合技术是一门多学科交叉的前沿技术，它涉及计算机、通信、电子信息、自动控制理论等多门学科，这些学科的发展又会进一步促进信息融合技术的进步，使得不同类型的信息融合理论、融合设备不断出现，从而大大提升了人类的生活水平。信息融合是将各种途径、任意时间、任意空间上获得的信息作为一个整体进行综合分析处理。信息融合技术最早应用于航空电子学上的雷达目标识别问题，并逐渐推广到智能制造、过程监测、导航、遥感以及故障诊断系统等研究领域[21]。

信息融合技术应用于设备故障诊断领域的研究近几年才开展起来，但已取得了一定的研究成果。信息融合和故障诊断在目的上是一致的，将二者进行结合的原因有以下几点：

（1）信息融合技术的使用能够改善有效信号的质量，从而保证故障诊断的可靠性。在传统的故障诊断中，故障诊断系统分析和处理的数据信息是当下系统运行的原始数据信息，但不能对有效信息进行直接提取。明显地，多传感器的信息融合技术能比故障诊断技术提供更多的有用信息。

（2）相同的信号能够产生不同的特征信息，系统出现故障的原因很复杂，而不同原因的故障表现却有可能相同，所以将信息融合技术应用在故障诊断中，能够增加对不同故障信号的处理方式，从而确定故障原因。

（3）外界干扰会影响故障诊断过程。对水力设备系统进行诊断时，外界干扰的存在会使得有效信息不准确，进而会降低故障诊断的精度，但将信息融合技术应用于故障诊断后，可以得到更多有用信息并判断出正确有效信息，从而减少外界干扰的影响，提高故障诊断的精度。

目前，信息融合技术在故障诊断领域中的应用研究主要集中在信息融合框架的建立和信息融合算法的研究两个方面。

6.1.1 信息融合技术的发展历史与应用领域

1959 年，Kolmogolov 首先提出信息集成的定理：对于一个系统，将多个单维信息集合成多维信息，其信息量必然会比任何一个单维信息的信息量大。

随着传感器技术迅猛发展，各种面向复杂应用背景的信息融合系统也随之大量出现。在这些系统中，对信息表现形式的多样性、信息容量以及信息的处理速度等要求已大大超出人脑的信息融合能力，信息融合技术便应运而生。

由于信息融合系统具有良好稳定性、宽时空域、高测量维数、目标空间的高分辨率以及较强的故障容错与系统重构能力等特性，信息融合技术最先应用在军事领域，美国国防部早在 1984 年就成立了数据融合专家组（data fusion subanal，DFS）来指导、组织并协调有关这一关键技术的系统性研究，在 80 年代中期，信息融合技术首先在军事领域研究中取得很大的进展。

从 1973 年美国提出"数据融合"概念后，信息融合技术在 C^3I 系统和学术界都已成为一个重要的研究领域。美国和多国部队使用的 MCS（陆军机动控制系统）、NTDS（海军战术数据系统）、俄罗斯的 ABAKC 等都是在多中心 C^3I 系统上配置数据融合系统。

数据融合概念进入我国后，立刻引起我国军界领导人的高度重视，各国防工业研究所和院校纷纷起步，并取得了一批研究成果，但多数处于原型、模型阶段。

融合技术的应用范围非常广泛，包括军事、医学、工业、计算机等领域，而且在每一个领域中都取得了显著的研究成果。在地雷探测方面，Perrin 利用小波变换技术从地面高精度雷达数据中提取特征参数，对其进行融合处理后得到决策结果，有效地提高了地雷探测的效率和精度[22]。

在导航方面，Kuz′min[23] 提出一种最佳自适应卫星无线电信息融合导航算法，并成功地应用于恶劣环境下的飞机导航任务。

在传感器技术方面，Negri[24] 设计并实现了基于电鼻传感器阵列关联分析的信息融合测试系统，并有效地用于识别空气中污染气体的类别和浓度。

在语音识别方面，赵以宝等[25] 提出了一种用多话筒分别识别一个语音，并用数据融合技术对识别结果进行处理的语音识别方法。

在遥感领域，Beaven[26] 在极地海面冰密度遥感测试中，对基于孔径雷达和多通道微波成像仪的信息融合方法与单传感器测试方法对传感器误差的敏感性进行了对比性研究。

在故障诊断领域，信息融合技术中的应用与研究仍然停留在初级阶段。限制其发展的因素主要有以下几点：

（1）成本高。信息融合涉及多源信息的获取，增加了信号测试系统的复杂性和整个系统的造价。目前，许多硬件系统造价高，因此成本高这一点是限制信息融合技术在故障诊断领域中发展的主要因素。

（2）实时性差。随着信息源的增加，系统结构的复杂性随之增大，从而造成系统计算和控制过程的复杂性，因此系统的实时性难以保证。

（3）专用性强。设备多样性和复杂性造成了相应设备故障诊断系统的专用性强、移植性差，大大限制了该技术的推广应用。

6.1.2　信息融合的定义

信息融合技术具有广泛的应用领域，而各领域从各自应用背景出发提出不同的融合方法，目前还没有一个统一的信息融合的定义。在智能系统中普遍认为信息融合是指为帮助系统完成某一任务而对多个传感器提供的信息的协同利用。信息融合是信息集成过程的某一级，在此级中将不同传感器信息源综合成一种表示形式。也就是说，信息融合是将来自不同信息源的信息进行处理，信息集成是将各级信息融合过程进行合成。

信息融合普遍定义为充分利用不同时间与空间的多种信息资源，采用 AI 技术对按时序获得的观测信息在一定准则下加以自动分析、综合、支配和使用，获得对被测对象的一致性解释与描述，以完成所需的决策和估计任务，使系统获得比各组成部分更优越的性能。

由于多传感器信息融合是人类或其他逻辑系统中常见的基本功能，所以多传感器信息融合是信息融合研究最多的领域，它是指将来自许多传感器或不同源的信息和数据进行综合处理，从而得出更为准确、可靠的结论。

信息融合的模型可以从人类处理日常信息中发现，人类可以非常自然地运用融合这一能力把来自人体各个感官（眼、耳、口、鼻、四肢）的信息（景象、声音、味、气、触觉）组合起来，使用先验知识去估计、理解周围环境和正在发生的事件。这就是融合的生活模型，由于这一过程对人而言可以认为是自动的，或是自适应地把各种信息或数据（图像、声音、气味以及物理形状或上下文）转换成对环境的有价值的解释，因此模仿人类对问题处理中的融合，诞生了许多领域处理复杂问题的信息融合系统。在这些系统中，不同源信息可能具有不同的特征，包括实时性或者非实时性，精确性或者模糊性。信息融合的过程类似于人脑综合处理信息的过程。

定义 6.1 用 $\theta = \{\theta_1, \theta_2, \cdots, \theta_N\}$ 表示机组运行状态集，随机变量 θ 表示机组的运行状态，其概率为 $p = P(\theta_i)$，机组运行状态的熵为

$$H(\theta) = -\sum_{i=1}^{N} p_i \log_2 p_i \tag{6.1}$$

由熵是描述系统混乱程度的度量可知，定义 6.1 描述的是水力机组运行状态的不确定性。

定义 6.2 设 X 表示水力机组诊断信息，$X = \{x_1, x_2, \cdots, x_M\}$，当 $X = x_j (j = 1, 2, \cdots, M)$，水力机组运行状态的条件熵为

$$H(\theta \mid x_j) = -\sum_{i=1}^{M} p(\theta_i \mid x_j) \log_2 p(\theta_i \mid x_j) \tag{6.2}$$

水力机组运行状态的平均熵为

$$H(\theta \mid X) = \sum_{j=1}^{M} p(x_j) H(\theta \mid x_j) \tag{6.3}$$

定理 6.1 水力机组运行状态的条件熵小于等于无条件熵，即

$$H(\theta \mid x_j) \leqslant H(\theta) \tag{6.4}$$

该定理的证明略，有兴趣的读者可以利用全概率公式进行证明。

定义 6.3 水力机组诊断信息 X 与水力机组运行状态 θ 的互信息为

$$I(\theta; X) = H(\theta) - H(\theta \mid X) = \sum_{\theta, x} p(\theta, x) \cdot \log_2 \frac{p(\theta, x)}{p(\theta) p(x)} \tag{6.5}$$

式（6.5）描述了诊断信息所包含运行状态信息量的大小，X 与 θ 的互信息越大，则通过 X 确定水力机组运行状态的不确定性越小，诊断效果就越好。

为了减小水力机组运行状态的不确定性，加入诊断信息 Y，则 (X, Y) 与 θ 的

互信息为

$$I(\theta;X,Y) = H(\theta) - H(\theta \mid X,Y) = \sum_{\theta,x,y} p(\theta,x,y) \cdot \log_2 \frac{p(\theta,x,y)}{p(\theta) \cdot p(x,y)}$$

$$(6.6)$$

由于

$$H(\theta \mid X,Y) \leqslant H(\theta \mid X) \qquad (6.7)$$

所以根据式（6.5）~式（6.7），可得

$$I(\theta;X,Y) \geqslant I(\theta;X) \qquad (6.8)$$

式中等号成立的条件是对于所有 $H(\theta \mid X,Y)$ 和 $H(\theta \mid X)$ 中的 θ，X，Y，有下式成立：

$$p(\theta \mid X,Y) = P(\theta \mid X) \qquad (6.9)$$

当式（6.9）成立时，说明此时增加诊断信息不能增加诊断的有效性和可靠性。实际物理意义是增加的诊断信息 Y 与 θ 无关，或者增加的诊断信息 Y 与 X 是线性相关的。

当式（6.9）不成立时，式（6.8）变为

$$I(\theta;X,Y) > I(\theta;X) \qquad (6.10)$$

从式（6.10）可以看出，加入诊断信息 Y 后，信息量增大，水力机组状态的不确定性减小。随着水力机组诊断信息的增加，水力机组状态的不确定减小，诊断的准确性和可靠性都随之增加。

6.1.3　信息融合的层次

信息融合分为数据层融合、特征层融合以及决策层融合。

1. 数据层融合

如图 6.1 所示，数据层融合就是在数据层中综合利用各信号。首先，将全部传感器的观测数据融合；其次，从融合的数据中提取特征向量，并进行判断识别，从而进行故障诊断。数据层融合需要直接从传感器取得信号，所以要求来自传感器的信号是同型的，也就是传感器需要是同质的（即传感器观测对象是同一物理现象，如振动）。如果多个传感器是异质的（观测

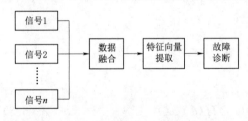

图 6.1　数据层融合

对象不是同一个物理量，如既有振动，又有温度），那么数据不能进行数据层的融合，只能进行特征层或决策层融合。

数据层融合的对象是直接采集于传感器的原始数据，这是最低层次的融合。数据层融合的特点是能保持尽可能多的现场原始数据，提供其他融合层次所不能提供的细微信息。但它所要计算处理的数据量大，处理时间长，实时性差。

数据层融合是在信息融合的最低层进行的，传感器原始信息的不确定性、不完全性和不稳定性要求在融合时有较高的纠错能力。数据层融合通常用于多源图像复合、图像分析等。

2. 特征层融合

特征层融合是在特征层对信息进行综合处理，它的结构如图 6.2 所示。

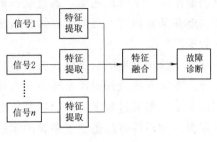

特征层融合属于融合中间层次，首先利用一定规则对来自传感器的原始信息进行特征提取，然后对提取的特征信息进行综合分析和处理。特征层融合避免了数据层融合对数据严格要求，其只对数据信息的充分表示量或充分统计量有要求。

图 6.2 特征层融合

特征层融合有两类融合，目标特性融合和目标状态融合。目标特性融合是特征层联合识别，实质是模式识别问题。目标状态融合主要用于目标跟踪领域，具体融合方法仍是模式识别的相应技术，包括参数模板法、k 近邻、聚类算法、人工神经网络等。

3. 决策层融合

决策层融合是指在模式识别和故障诊断过程中，综合利用各特征信息和判断准则，对故障进行有效地识别和判断，如图 6.3 所示。

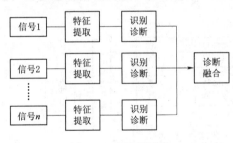

图 6.3 决策层融合

决策层融合是高层融合，是从具体决策问题的需求出发，充分利用特征级融合所提取的测量对象的各类特征信息，采用适当的融合技术来实现。决策层融合的优点是数据量小、对信息源的依赖性小、有较好的容错性。

信息融合按照融合的原理可以分为基于统计的融合方法、基于信息论的融合方法以及基于认识模型的融合方法。

按照融合的特点可以分为基于 D-S 证据的融合、基于神经网络的融合。

对于基于统计的融合又可以分为经典推理、贝叶斯融合、D-S 证据理论法。经典推理技术完全依赖数学理论，在实际应用时要求先验知识和计算多维概率密度函数。这种方法在信息融合中很少使用。贝叶斯融合技术解决了经典推理的某些困难，但也存在定义先验似然函数比较困难、缺乏分配总不确定性的能力等问题，因而在实际的融合系统中很少采用。D-S 证据理论是根据人类的推理模式，采用概率区间和不确定区间来确定多证据下假设的似然函数，并可以计算任一假设为真的似然函数值，因而一般在融合系统中应用较多。

基于信息论的融合技术包括聚类分析、模板法和神经网络等。聚类分析是各种过程的总称，它利用生物科学和社会科学中的一组启发式算法，根据预先指定的相似标准把观测分为自然组或聚集，再把自然组与目标预测类型相对比。模板法通过对观测数据与先验模板匹配处理，来确定观测数据是否支持模板所表征的假设。人工神经网络也是一种常用的融合方法，它的融合原理是输入端的数据向量经过非线性转换，在网络输出端产生输出向量，通过这样的转换，数据就可以进行分类。虽然这种数据分类功能在某种程度上类似于聚类分析法，但是人工神经网络特别适合于含有噪声的输入数据。

基于认识模型的信息融合方法包括模糊集合理论、逻辑模板法以及知识或专家系统等。专家系统或知识库系统能实现较高水平的推理，但是，由于专家系统依赖于知识的表示，要通过数字特点、符号特点和基于推理的特点来表示对象的特征，其灵活性很大。逻辑模板法是基于逻辑的识别技术的总称，主要用于进行多传感器信息融合的时间探测或态势估计，也可用于单个目标的特征估计。

6.1.4　水力机组的融合诊断系统

资源 6.1
水力机组的
融合诊断
系统

水力机组融合诊断系统可以在数据层融合、特征层融合以及决策层融合，下面以决策层融合的水力机组诊断系统为例描述水力机组融合诊断系统一般结构。

图 6.4 给出了水力机组融合诊断系统的一般结构，主要有 7 个组成部分：①水力机组是观测对象；②传感器是获得信号 S 的途径；③信号处理器对信号进行分析处理，其中包括去噪、分解等；④故障特征提取是从处理后的信号中提取故障的主特征；⑤故障诊断部分是对每一通道的特征进行分析、诊断；⑥决策层融合是融合诊断系统的重要部分，通过这一部分，得出综合的诊断；⑦最后部分就是融合输出也是诊断输出。

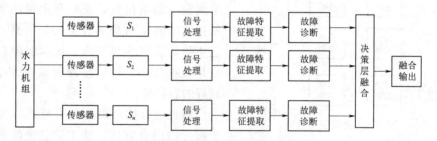

图 6.4　水力机组融合诊断系统一般结构

图 6.4 只给出了一种融合系统，对 3 种层次融合进行各种组合，可以得到许多种融合诊断系统。

要组成水力机组融合系统，必须了解系统可以利用的信息是什么。

水力机组可以利用的信息有以下几点：

（1）机组振动。机组振动是影响机组安全、稳定运行的主要因素，振动包含大量机组的信息，当机组发生异常时，机组振动通常就会发生相应的变化。

（2）机组参数。这里所说的机组参数主要是机组运行中的过程参数和过程量，水介质参数、流量、压力、温度、转速、功率、电流量、电压量等。

（3）机组噪声。机组运行过程中，经常伴有强烈的噪声，噪声也是反映机组运行状态的一个参数，而且在空蚀空化监测中，有一种监测测量方法就是利用噪声。当机组发生异常或发生故障时，噪声的强度和频率就发生改变，有经验的工程师就可以根据噪声的种类判别故障发生的原因和部位。

上面的几种信息主要是根据各自的物理特征进行分类的，同时还可以进行其他分类，如确定性信息与不确定性信息、电参量与非电参量等。

任何一类诊断对象，单用一方面信息来反映其状态行为是不完整的。因此，在实际诊断过程中，只有从多方面获得关于诊断对象的多维信息，才能对水力机组进行更可靠、更准确的诊断。

6.2 基于 D－S 证据理论的信息融合诊断

6.2.1 D－S 证据理论概述

D－S（dempster－shafer）证据理论是为了弥补贝叶斯理论的不足而发展起来的一种理论，它是一种研究不确定问题的方法，属于人工智能的范畴。该理论由 Shafer 于 1976 年正式创立，但为该理论作出重大贡献的第一个学者是 A. P. Dempster，因此将该理论命名为 Dempster－Shafer 理论。D－S 证据理论针对事件发生后的结果（证据），探求事件发生的主要原因（假设）。首先，分别通过各个证据对所有的假设进行独立的判断，从而得到每个证据下各假设发生的概率分布；然后，将某个假设在各个证据下的判断信息进行融合，进而得到"综合"证据下该假设发生的概率。这样就可以分别求出各假设在"综合"证据下发生的概率，而发生概率最大的假设就被认为是事件发生的主要原因。

以概率论和数理统计为基础的一般的决策分析理论和贝叶斯主观概率理论都带有一定的片面性。决策分析理论认为概率是由事件发生的频率（作为证据）完全决定的，是纯客观的，而贝叶斯主观概率理论认为，概率是人的偏好或主观意愿的度量，是纯主观的。但 D－S 证据理论认为，对于概率推断的理解，我们不仅要强调证据的客观化，也要重视证据估计的主观性，概率是人在证据的基础上构造出的对一个命题为真的信任程度，简称为信度。D－S 证据理论通过设定先验概率分配函数获取后验证据区间，其量化了问题的可信度与似然率。它将证据指定给互不相容或相互重叠、非互不相容的命题，进而在证据中引入了不确定性。

6.2.2 D－S 证据的基本理论

设 Q 是识别空间，领域内的命题都可以用 Q 的子集表示。

定义 6.4 设函数 $F: 2^Q \rightarrow [0,1]$，且满足

$$F(\phi) = 0$$

$$\sum_{A \in Q} F(A) = 1 \tag{6.11}$$

则称 F 为 2^Q 上的概率分配函数，$F(A)$ 称为 A 的基本概率函数，表示对 A 的精确信任。

定义 6.5 $F: 2^Q \rightarrow [0,1]$ 为识别框架 Q 的基本可信度分配，由：

$$\forall A \in Q, \quad Bel(A) = \sum_{B \subseteq A} F(B) \tag{6.12}$$

所定义的函数 $Bel: 2^Q \rightarrow [0,1]$ 为框架 Q 上的信度函数，也称为下限函数，表示对 A 的全部信任。

Bel 函数

$$Bel(\phi)=F(\phi)=0$$

$$Bel(Q)=\sum_{B\subseteq Q}F(B) \tag{6.13}$$

定义 6.6 如果下式成立

$$\forall A\subseteq Q,\quad F(A)>0 \tag{6.14}$$

则称 A 为信度函数 Bel 的焦元。

定义 6.7 设信度函数 Bel 的焦元为 A_1，A_2，$\cdots$，A_k，称

$$C=A_1\bigcup A_2\bigcup\cdots\bigcup A_k \tag{6.15}$$

为 Bel 函数的内核。

定义 6.8 似然函数 Pl：$2^Q\to[0,1]$ 且

$$Pl=1-Bel(-A) \tag{6.16}$$

Pl 也称为上限函数或不可驳斥函数，表示对 A 非假的信任程度。信度函数和似然函数存在如下关系：

$$\forall A\subseteq Q,\quad Pl(A)\geqslant Bel(A) \tag{6.17}$$

A 的不确定性用 $u(A)$ 表示：

$$u(A)=Pl(A)-Bel(A) \tag{6.18}$$

区间 $[Bel(A),Pl(A)]$ 称为信度区间。

图 6.5 给出了 A 不确定性的直观表示，$Bel(A)$ 与 $Pl(A)$ 分别给出了集合 A 信度的上下限值，信度区间 $[Bel(A),Pl(A)]$ 描述了不确定性，表示对 A 有一定程度的信任。$[0,0]$ 表示 A 为假，$[1,1]$ 表示 A 为真。

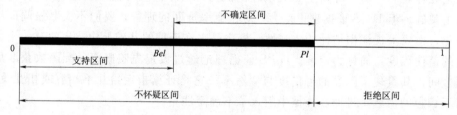

图 6.5 不确定性表示

定理 6.2 设 Bel_1 与 Bel_2 是同一识别空间 Q 的两个信度函数，F_1 与 F_2 分别是对应可信度分配函数，焦元分别为 A_1，$\cdots$，A_i，$\cdots$，A_K，和 B_1，$\cdots$，B_j，$\cdots$，B_N，设

$$\sum_{A_i\cap B_j=A}F_1(A_i)\cdot F_2(B_j)<1 \tag{6.19}$$

那么合成的基本可信度分配函数 F：$2^Q\to[0,1]$ 为

$$F(A)=\begin{cases}0 & A\neq\phi \\[2mm] \dfrac{\displaystyle\sum_{\cap A_i=A}\prod_{i=1}^{N}F_i(A_i)}{\displaystyle\sum_{\cap A_i\neq\phi}\prod_{i=1}^{N}F_i(A_i)} & A=\phi\end{cases} \tag{6.20}$$

上式可信度分配函数 $F(A)$ 称为信度函数 Bel_1 与 Bel_2 的直和，记为 $Bel_1 \oplus Bel_2$。如果式（6.20）不成立，则称 Bel_1 与 Bel_2 的直和不存在。

定理 6.3　设 Bel_1，$\cdots$，Bel_n，是同一识别框架 Q 上的信度函数，F_1，$\cdots$，F_n 是对应的基本信度函数分配，假如 $Bel_1 \oplus \cdots \oplus Bel_n$ 存在，那么称满足下式的函数 F：$2^Q \rightarrow [0,1]$ 为合成基本可信度分配：

$$F(A) = \begin{cases} 0 & A \neq \phi \\ \dfrac{\displaystyle\sum_{\cap A_i = A} \prod_{i=1}^{n} F_i(A_i)}{\displaystyle\sum_{\cap A_i \neq \phi} \prod_{i=1}^{n} F_i(A_i)} & A = \phi \end{cases} \tag{6.21}$$

定理 6.2 与定理 6.3 分别给出了两个和多个证据体的 D-S 合成规则。

定理 6.4　设 N 个证据体满足定理 6.3 中的合成规则，即

$$Bel = Bel_1 \oplus \cdots \oplus Bel_N \tag{6.22}$$

则合成后结论的不确定性 $F(Q)$ 满足：

$$\begin{cases} \exists i \in \{1,2,\cdots,N\}, F_i(Q) = 0, 则\ F(Q) = 0 \\ \forall i \in \{1,2,\cdots,N\}, F_i(Q) \neq 0, 则\ F(Q) < F_i(Q) \end{cases} \tag{6.23}$$

定理 6.4 指出了参与合成的证据越多，合成后证据体的不确定性越小。推理结论的可靠性程度越高。

定理 6.4 的证明略，有兴趣的读者可以利用数学归纳法进行证明。

6.2.3　基于 D-S 证据理论的信息融合诊断一般过程

图 6.6 给出 D-S 证据理论的信息融合决策的一般过程。

（1）构造信息融合系统框架。

（2）建立系统识别框架或故障空间 Q。$Q = \{A_1, \cdots, A_n\}$。

（3）根据水力机组的信息系统，构造基于识别框架 Q 的证据体 E_i（$i = 1, 2, \cdots, N$）。

（4）根据所收集各证据体的资料，结合水力机组故障框架中各命题集合的特点，确定出各证据体的基本可信度分配函数 $F_i(A_j)$（$i = 1, 2, \cdots, N$；$j = 1, 2, \cdots, K$）。

（5）由基本可信度分配函数 $F_i(A_j)$，分别计算单证据体作用下故障识别框架中各命题的信度区间 $[Bel_i, Pl_i]$。

（6）利用 D-S 合成规则计算所有证据体联合作用下的基本可信度分配 $F(A)$ 和信度区间 $[Bel, Pl]$。

（7）构造相应的决策规则。

（8）根据该决策规则得出决策结论。

图 6.6 给出了水力机组信息融合决策的一般过程，对于构造水力机组信息融合诊断系统，需要增加诊断规则。图 6.7 给出了基于 D-S 证据理论的水力机组信息融合诊断系统模型。

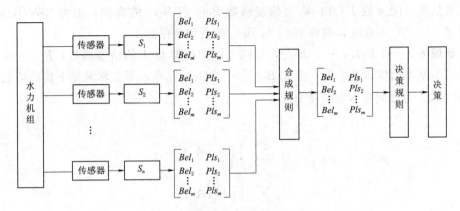

图 6.6　基于 D-S 证据理论的信息融合决策的一般过程

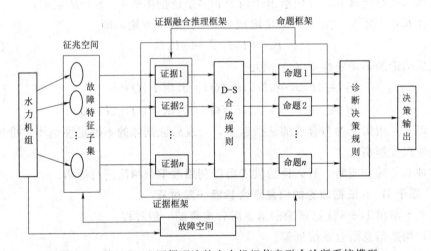

图 6.7　基于 D-S 证据理论的水力机组信息融合诊断系统模型

　　水力机组可被认为是一个信息系统，在运行过程中会不断地产生各种信息，如振动、摆度以及噪声等，其产生的这些信息从不同的方面反映了当前机组运行状态。通过获取这些信息并进行处理分析，提取出对水力机组运行状态变化比较敏感的故障特征，由所得到的故障特征构成识别水力机组运行状态的证据。然后，利用 D-S 证据理论对所获取的证据进行推理，从而达到对这些信息进行融合处理与分析的目的。最终，通过相应的诊断决策规则，得出诊断结论。

　　基于 D-S 证据理论信息融合诊断的步骤如下：

　　(1) 确定故障空间。首先调查水力机组系统故障历史纪录，统计曾经发生过的故障情况，根据故障发生原因和特点，对这些故障进行分类与整理，从各类故障中抽取典型故障，组成诊断系统的故障空间 Q。

　　(2) 构造识别框架。由"故障空间"构造"识别框架"。

　　(3) 确定故障征兆空间。利用从水力机组系统获取的信息，结合"故障空间"中各故障类型的特点，构造各种"故障特征子集"，并进一步构成整个"故障征兆空间"。

（4）选择证据体。利用故障特征子集，结合识别框架中的各命题的特点，构造从不同侧面能够识别"水力机组系统"运行状态的证据体。

之后过程同信息融合决策的过程类似。最后一步是根据诊断规则进行诊断。

6.3 基于神经网络的信息融合诊断

利用信息融合进行水力机组故障诊断需要进行大量的计算，它是将水力机组获得的信息映射到故障诊断空间中，是一种非线性推理。利用神经网络对信息进行映射处理，信息作为输入，通过神经网络的信息融合处理，得到更全面、更准确的信息。

运用神经网络进行信息融合，首先应根据水力机组故障诊断特点选择适合的神经网络模型；然后选择适合的学习方法，对建立的神经网络进行离线学习，确定网络的连接权值和连接结构。利用神经网络的自学习和自组织功能，不断地从实际应用中学习信息融合的新知识，调整连接结构和连接权值，满足检测环境不断变化的实时要求，提高信息融合的可靠性。在所有应用的神经网络中，BP网络应用最为广泛，也取得了良好的效果。

基于神经网络的信息融合诊断技术具有许多优点：

（1）同一性。神经网络的信息统一存储在网络的连接权值和连接结构上，使得信息表示具有统一的形式，便于管理和建立知识库。

（2）容错性。可增加信息处理的容错性，当用于获取水力机组状态信息的某个传感器出现故障或检测失效时，神经网络的容错功能可以使检测、采集系统正常工作，并输出可靠的信息。

（3）适应性。神经网络的自学习和自组织功能，使系统能适应检测环境的不断变化和检测信息的不确定性。

（4）实时性。神经网络的并行结构和并行处理机制，使得信息处理速度快，能够满足信息的实时处理要求。

神经网络信息融合可以分为单子神经网络与集成神经网络的信息融合。图6.8给出了水力机组单子神经网络信息融合诊断模型。

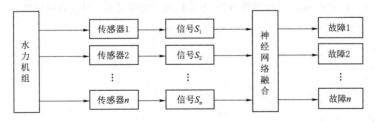

图6.8 水力机组单子神经网络信息融合诊断模型

输入为不同类型的信号，或同一信号形成的不同特征因子，它们从不同侧面反映了设备的故障。单子神经网络融合这些信息，最终给出故障决策。这种融合方式是单个子神经网络基于特征信号形成的，它输出局部的决策，可称为特征融合或局部融合。

　　由于神经网络和 D-S 证据理论都有各自的缺点，例如当神经网络的节点较多时，其学习训练的速率较慢，有时甚至达到局部极小而导致网络不收敛，而 D-S 证据理论中证据的基本可信度分配主观性强，将会导致很大的误差。

　　为了克服神经网络的缺点，可以将不同的信号由各自独立的神经网络来诊断，这样不仅将高维的征兆空间分解为较低维的征兆空间，还将复杂的网络变成简单的网络，同时还提高了网络训练的速度。又因为简单的网络只处理问题的某一方面，其样本较容易获得，结构也较容易确定，由此其网络的泛化能力也增强，使得诊断结果更有保证。为了充分利用不同征兆空间（在证据理论中成为证据空间）信息，可以对各子神经网络的诊断结果再利用 D-S 证据理论进行故障信息的融合处理。

　　D-S 证据理论的基本可信度分配，是专家在所获证据的基础上根据个人的经验对识别框架中不同命题支持程度的数字化表示，其主观性很强，因此不同的专家由同一个证据对同一个命题也会给出不同的信度分配，而且有时其差别会很大。为了更客观地得到一个证据对不同命题的信度分配，可以将各个独立的低维的神经网络作为 D-S 证据理论的一个证据，经过 D-S 证据理论的再次融合，将大大提高识别信号的准确率。

　　神经网络和 D-S 证据理论信息融合技术还具有一些特殊性质。比如：采用 D-S 证据理论中的不确定推理方法可以避免 Bayes 推理中无法区分"不知道"和"不确定"的情况，还克服了证据理论基本可信度分配主观性过强的缺陷。此外，D-S 证据理论可以使多个证据都支持的命题在合成后的信度提高，达到提高诊断准确率的目的，这将使得整个系统的诊断能力得到明显加强。基于神经网络和 D-S 证据理论的信息融合故障诊断模型如图 6.9 所示。

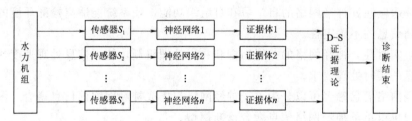

图 6.9　基于神经网络和 D-S 证据理论的信息融合故障诊断模型

参 考 文 献

［1］ 郑源. 水力机组状态监测与故障诊断 ［M］. 北京：中国水利水电出版社，2016.

［2］ 张键. 机械故障诊断技术 ［M］. 2 版. 北京：机械工业出版社，2014.

［3］ 郑源，陈德新. 水轮机 ［M］. 北京：中国水利水电出版社，2011.

［4］ 李录平，卢绪祥. 汽轮发电机组振动与处理 ［M］. 北京：中国电力出版社，2007.

［5］ 陈大禧，朱铁光. 大型回转机械诊断现场实用技术 ［M］. 北京：机械工业出版社，2002.

［6］ 时献江，王桂荣，司俊山. 机械故障诊断及典型案例解析 ［M］. 北京：化学工业出版，2013.

［7］ 王玲花. 水轮发电机组振动及分析 ［M］. 郑州：黄河水利出版社，2011.

［8］ 本特利，哈奇. 旋转机械诊断技术 ［M］. 姚红良，译. 北京：机械工业出版社，2014.

［9］ 孙即祥. 模式识别中的特征提取与计算机视觉不变量 ［M］. 北京：国防工业出版社，2001.

［10］ 何正嘉. 机械故障诊断理论及应用 ［M］. 北京：高等教育出版社，2010.

［11］ 徐章遂，房立清，王希武，等. 故障信息诊断原理及应用 ［M］. 北京：国防工业出版社，2000.

［12］ 钟秉林，黄仁. 机械故障诊断学 ［M］. 3 版. 北京：机械工业出版社，2007.

［13］ 石博强，申焱华. 机械故障诊断的分形方法：理论与实践 ［M］. 北京：冶金工业出版社，2001.

［14］ 方辉钦. 现代水电厂计算机监控技术与试验 ［M］. 北京：中国电力出版社，2004.

［15］ 吉奥克. 专家系统原理与编程 ［M］. 4 版. 印鉴，陈忆群，刘星成，译. 北京：机械工业出版社，2006.

［16］ 杰拉塔纳，莱利. 专家系统原理与编程 ［M］. 印鉴，刘星成，汤庸，译. 北京：机械工业出版社，2000.

［17］ 西海金. 神经网络原理 ［M］. 2 版. 叶世伟，史忠植，译. 北京：机械工业出版社，2006.

［18］ 韩力群，施彦. 人工神经网络理论及应用 ［M］. 北京：机械工业出版社，2017.

［19］ 孟强斌. 基于时频图和卷积神经网络的水电机组故障诊断研究 ［D］. 西安：西安理工大学，2020.

［20］ 朱大奇，史慧. 人工神经网络原理及应用 ［M］. 北京：科学出版社，2005.

［21］ 沈怀荣，杨露，周伟静. 信息融合故障诊断技术 ［M］. 北京：科学出版社，2013.

［22］ PERRIN S，BIBAUT A，DUFLOS E，et al. Use of wavelets for ground‐penetrating radar signal analysis and multisensor fusion in the frame of land mine detection ［C］//IEEE International Conference on Systems. IEEE，2002.

［23］ Kuz′min V S，FEDOSEEV V I. Optoelectronic devices for the orientation and navigation of spacecraft：Development experience，problems，and trends ［J］. Journal of Optical Technology，1996，63：500－504.

［24］ NEGRI R M，REICH S. Identification of pollutant gases and its concentrations with a multisensor array ［J］. Sensors & Actuators B Chemical，2001，75 (3)：172－178.

［25］ 赵以宝，王祁，聂伟，等. 一种基于数据融合的多话筒语音识别方法 ［J］. 计算机研究与发展，1999，36 (9)：1148－1152.

［26］ BEAVEN S G. Sea Ice Radar Backscatter Modeling，Measurements，and the Fusion of Active and Passive Microwave Data ［D］. Lawrence：University of Kansas，1995.